安全系统工程

主　编　黄文祥　陈　晨
副主编　曾　来　张艳艳

重庆大学出版社

内容提要

本书共6个教学情境，主要内容包括安全系统工程概述、事故致因理论、系统安全定性分析法、安全系统分析可定量分析法、系统安全评价及危险控制与安全决策等。本书可作为安全相关专业教材，也可作为相关专业科研和技术人员参考用书。

图书在版编目(CIP)数据

安全系统工程 / 黄文祥主编. — 重庆 : 重庆大学出版社，2019.5(2025.8 重印)

高职高专煤矿开采技术专业及专业群教材

ISBN 978-7-5689-1170-2

Ⅰ. ①安… Ⅱ. ①黄… Ⅲ. ①安全系统工程—高等职业教育—教材 Ⅳ. ①X913.4

中国版本图书馆 CIP 数据核字(2018)第 140828 号

安全系统工程

主　编　黄文祥　陈　晨

副主编　曾　来　张艳艳

责任编辑:李定群　　版式设计:周　立

责任校对:谢　芳　　责任印制:张　策

*

重庆大学出版社出版发行

社址:重庆市沙坪坝区大学城西路 21 号

邮编:401331

电话:(023) 88617190　88617185(中小学)

传真:(023) 88617186　88617166

网址:http://www.cqup.com.cn

邮箱:fxk@cqup.com.cn (营销中心)

全国新华书店经销

重庆新生代彩印技术有限公司印刷

*

开本:787mm×1092mm　1/16　印张:9　字数:209 千

2019 年 5 月第 1 版　　2025 年 8 月第 3 次印刷

ISBN 978-7-5689-1170-2　定价:38.00 元

前言

安全系统工程是高职院校安全相关专业必须掌握的一门核心课程。本书由重庆工程职业技术学院和重庆安全职业技术学院教师参与编写。本书共6个教学情境,主要介绍了系统安全分析、系统安全评价和系统危险控制等内容。

本书在大量总结现有教材资料的基础上,结合相关企业单位对本知识的应用情况进行编写,编排结构与以往教材有显著区别。在进行理论讲解的同时,强调知识技能的应用,属于理论与实践相结合的教材类型。其中,主要围绕"任务目标—任务描述—知识准备—任务实施"的主线编排内容,特别是任务实施,强调知识的应用,每个任务都有知识的应用,更加符合高职高专的教育规律以及强调实践性和技术性的特征要求。本书可作为高职高专院校安全类专业课教材,也可作为安全各类培训教材。

本书由黄文祥、陈晨任主编,曾来、张艳艳任副主编。具体分工如下:重庆工程职业技术学院黄文祥负责教学情境2、教学情境4的任务4.1、教学情境3的任务3.5和任务3.6以及教学情境5的编写,重庆安全职业技术学院张艳艳负责教学情境1的编写,重庆工程职业技术学院曾来负责教学情境3的任务3.1至任务3.4、教学情境4的任务4.2的编写,重庆安全职业技术学院陈晨负责教学情境6的编写。

本书编写过程中参阅了大量资料,在此对原作者表示诚挚的谢意。

由于编者水平有限,书中难免有疏漏,敬请批评指正。

编　者

2019年1月

目录

教学情境 1
安全系统工程概述

【情境描述】

安全系统工程概论是学习安全系统工程的基础。本情境主要介绍安全系统工程基本概念,安全系统工程的研究对象和研究内容,安全系统工程产生和发展过程以及安全系统工程应用特点。其目的是对学生起到引导作用,使学生初步具备安全系统工程基础知识。

任务 1.1　基本概念

【任务目标】

1. 了解系统、系统工程概念的内涵。
2. 掌握安全系统、安全系统工程概念的内涵。

【任务描述】

安全系统工程概念的产生是在系统、系统工程、安全系统等概念陆续出现后逐渐形成的。要了解安全系统工程内涵,必须先了解系统、系统工程及安全系统等基本概念。这些概念是学好安全系统工程的基础知识。

【知识准备】

1.1.1　系统、系统工程

安全系统工程是以安全学和系统科学为理论基础,以安全工程、系统工程、可靠性工程等为手段,对系统风险进行分析、评价和控制,以期实现系统及其全过程安全目标的科学技术。

安全系统工程是现代科技发展的必然产物,是安全科学学科的重要分支。

安全系统工程是一门涉及自然科学和社会科学的横断科学。在定义安全系统工程之前,需要弄清相关学科的有关概念。

系统工程的研究对象是系统。系统就是由相互作用和相互依赖的若干组成部分结合成的具有特定功能的有机整体。系统有自然系统与人造系统、封闭系统与开放系统、静态系统与动态系统、实体系统与概念系统、宏观系统与微观系统、软件系统与硬件系统之分。不管系统如何划分，凡是能称其为系统的，都具有以下特性：

(1)整体性

系统是由两个或两个以上相互区别的要素(元件或子系统)组成的整体。构成系统的各要素虽然具有不同的性能，但它们通过综合、统一(而不是简单拼凑)形成的整体就具备了新的特定功能。就是说，系统作为一个整体才能发挥其应有功能。因此，系统的观点是一种整体的观点，一种综合的思想方法。

(2)相关性

构成系统的各要素之间、要素与子系统之间、系统与环境之间都存在着相互联系、相互依赖和相互作用的特殊关系。通过这些关系，使系统有机地联系在一起，发挥其特定功能。

(3)目的性

任何系统都是为完成某种任务或实现某种目的而发挥其特定功能的。要达到系统的既定目的，就必须赋予系统规定的功能，这就需要在系统的整个生命周期，即系统的规划、设计、试验、制造和使用等阶段，对系统采取最优规划、最优设计、最优控制、最优管理等优化措施。

(4)有序性

系统有序性主要表现在系统空间结构的层次性和系统发展的时间顺序性。系统可分成若干子系统和更小的子系统，而该系统又是其所属系统的子系统。这种系统的分割形式表现为系统空间结构的层次性。另外，系统的生命过程也是有序的。它总是要经历孕育、诞生、发展、成熟、衰老及消亡的过程。这一过程表现为系统发展的有序性。系统的分析、评价和管理都应考虑系统的有序性。

(5)环境适应性

系统是由许多特定部分组成的有机集合体，而这个集合体以外的部分就是系统的环境。系统从环境中获取必要的物质、能量和信息，经过系统的加工、处理和转化，产生新的物质、能量和信息，然后再提供给环境。另一方面，环境也会对系统产生干扰或限制，即约束条件。环境特性的变化往往能够引起系统特性的变化，系统要实现预定的目标或功能，必须能够适应外部环境的变化。研究系统时，必须重视环境对系统的影响。

系统工程是组织管理系统的规划、设计、制造、试验及使用的科学方法，是一种对所有系统都具有普遍意义的科学方法。这个定义表示：

①系统工程属工程技术范畴，主要是组织管理各类工程的方法论，即组织管理工程。

②系统工程是解决系统整体及其全过程优化问题的工程技术。

③系统工程对所有系统都具有普遍适用性。

系统工程是20世纪50年代发展起来的一门新兴学科。它是以系统为研究对象，以现代科学技术为研究手段，以系统最佳化为研究目标的科学技术。它是发展很快、应用很广的一门管理学科。它的广泛应用为管理学的发展，为各行各业、各个领域管理现代化提供了基本理论和方法。

关于系统工程所属各子学科的命名问题，钱学森指出，正如工程技术各有专业一样，系统工程也还是一个总类名称，因体系性质不同，还可以再分为门类，如工程体系的系统工程叫工程系统工程，生产企业或企业体系的系统工程叫经济系统工程。这种命名原则为系统工程在各专业领域的发展提供了条件，从而免去一些关于名词术语叫法的不必要之争。

1.1.2　安全系统与安全系统工程

安全一词是人们经过抽象思维确定的一个概念或理念。目前所见到的文献对安全这个概念的诠释普遍存在两个问题：一是缺乏科学的严密性；二是安全一词太大众化了，以致不管人们如何下定义，都很难包容一般意义上安全理念的内涵。

安全描述的是一种客观存在的状态吗？回答并非是肯定的。因为对安全状态描述的主要特征量是什么，在安全科学界尚难统一。有人说无事故、无隐患的状态就是安全状态；从动力学原理出发，也有人提出用系统从无序到有序，渐变与突变的统一，非畸变来描述安全动态。这样的表述虽是有一定的科学性，但因安全因素的高度复杂性和极强的时间依赖性，故上述方法所表述的安全状态必然有很大的局限性，可能与实际相差甚远，也可能带有很大的理想化色彩。但又与人们想象中的“平安无事”可能根本不是一回事。因为人们有时说的安全、平安不过是代表一种期盼，故是一种理想化的抽象的概念。如果承认安全一词描述的是一种状态，但这种状态也绝非是一种事故为零的所谓“绝对安全”的概念。从科学的角度讲，“绝对安全”的状态在客观上是不存在的。平安也好，安全也好，其本身就带有很大的模糊性、不确定性和相对性，故“安全状态”具有动态特征，就是说安全所描述的状态具有动态特征，它是随时间而变化的。

安全的动态特征还体现在它不只是一个相对稳定的状态特征，还可作为对事故—安全过程的一种表征。过程表征和状态表征最本质的区别就在于前者描述的是事物的发展趋势，后者描述的是一种目标。从这个角度讲，安全一词表述的又可认为是动态过程。正如有的文章所表述的：渐变对应于灾害过程的孕育、维持，突变对应于灾害过程的启动和剧烈地扩展。但灾变不仅是灾害发生，也是系统由不稳定向新的稳定（安全）跃迁的触发器。

当然从技术的角度讲，已经提出并应用的安全失效率、安全度、安全系数等定量化的计算方法、标准及其表征的安全技术状态和安全与否的结论是科学和严密的。但这与通常讲的安全的概念相比显然要狭隘得多。

状态、过程、理念、技术安全都是定义安全这个概念应该考虑的内涵。可见，人们试图通过一个简单的定义就想把安全如此丰富复杂的内涵表述清楚是一件非常困难的事情。

从科学原理出发，定义事物多采用两种办法：一种是从事物的组成考虑；另一种是从事物的功能考虑，或两者兼顾。

安全表述的是一个复杂物质系统的动态过程或状态，过程或状态的目标是人物将不会受到伤害或损失。安全也可表述的是人们的一种理念，即人物将不会受到伤害和损失的理想状态。安全也可表述的是一种特定的技术状态，即满足一定安全技术指标要求的物态。

在讨论对安全一词的理解和认识之后，再来讨论一下安全的属性问题。安全一词所涉及的纷繁复杂因素与它的自然属性和社会属性有着密切的关系。

所谓安全的自然属性，可从两个方面来讨论：一是安全是人的生理与心理需要，或者说由生命及生的欲望决定了的自我保护意识，这是天生的，是安全存在的主动因素。二是人类对天灾的无奈以及新陈代谢生老病死的规律不可抗拒，使人们不得不把生命安全经常提到议事日程，这虽然是被动因素，但它与前一个主动因素相结合，就决定安全是自古以来人类生活、生存、进步的永恒的主题。

安全的社会属性也可从以下两个方面来阐述：

①自从人类有组织活动以来，社会安定、有序、进步始终是各社会阶段追求的目标，而这一目标实现的重要标志之一就是安全。这是社会促动安全的主动因素。但是，人类的社会活动，如政治、军事、文化、社交，有的对安全直接起破坏作用，有的间接影响着安全；人类的经济活动，如生产（职业）、高技术灾害（化学品致灾、核事故隐患、电磁环境公害、航天事故、航空事故）、交通灾害，则是自人类开展经济活动以来就存在的突出的安全问题，如今更加突出的一个安全问题是环境问题。环境恶化（包括自然环境和人为环境）是人类生活、生存安全的重要威胁。因此，在第 15 届世界职业安全卫生大会上与会专家指出，向 21 世纪人们提出的挑战性问题是“环境、安全、健康问题”，即 Q. E. & OSH 是一个严重影响国民经济可持续发展的大问题。人类的社会活动、经济活动、交通和环境一方面本身在不断制造事故，另一方面也通过技术和管理措施不断消除隐患，减少事故。但受政治利益和经济利益的驱使，安全技术管理措施多数是被动的。

②关于安全的社会属性，也有人提出人伦智的观点。人伦是在一个人群（社会性的结合）中发生的。夫妇、父子、兄弟、朋友、同事构成人际关系，人们以诚相待，共谋生命的延续、生活的充实，并以此抵制唯利是图就称为人伦智。在资本主义社会，各个人际关系上的人伦智相当低微、暗弱。然而，人伦智却是“职业灾害困局”中唯一的脱困希望之所寄，它的潜在能量是可以信赖的。人伦智也应属安全社会属性中的主动因素。

如果把安全的自然属性和社会属性合起来考虑，安全代表的是什么？它可能既是理念的，又是物质的；既是抽象的概念，又是客观的、有形的；既是当前的实实在在的事物，又可能是将来的一个可望而不可即的目标。

还可看出，安全的自然属性与社会属性中都存在着很强的促动安全的主动因素，这是安全科学发展的基础。

安全问题纷繁复杂的关系正是因安全问题的自然属性与社会属性的交融，正像人是社会的一样，而社会的复杂性正是安全问题复杂的根本原因之一。

1.1.3 安全系统及其特点

安全问题是一个复杂的系统工程问题。或者说，解决安全问题要用系统工程的理论和方法。这种认识目前已经具有广泛的共识。但是，说到“安全系统”则存在着歧义。其实“安全系统”这个定义能否成立，关键还在于它的特殊性和客观性。所谓特殊性，是指它与一般系统的区别。如前所述，其客观性的问题是不容置疑的，而其特殊性或个性可归纳为以下方面：

(1)系统性

与安全有关的影响因素构成了安全系统。因为与安全有关的因素纷繁交错,所以安全系统是一个复杂的巨系统。很难找到一个因素及其相关性如此复杂的能与之相比的系统。由于安全系统中各因素之间,以及因素与目标之间的关系多数有一定灰度,因此,安全系统是灰色系统。

与一般系统不同,安全系统总是把环境因素看成其系统的组分。其典型的因素及其关系如图1.1所示。

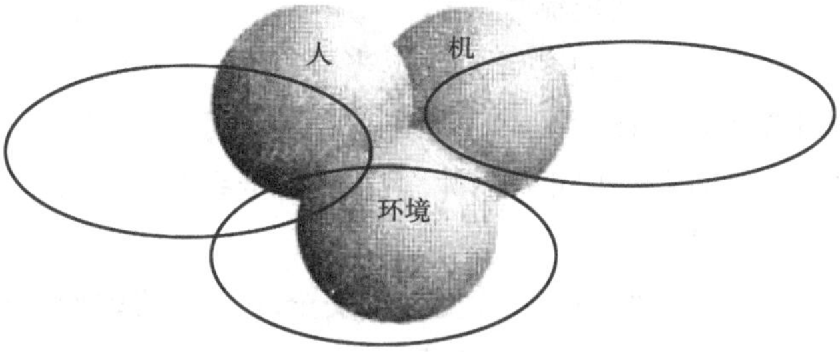

图1.1　安全系统典型的组成因素及其关系图

依据安全问题所涉及范围大小不同,安全系统大小之差可能很悬殊。一般来说,纯属技术领域的安全系统如一台设备、器具,可能只涉及机和物;对一个车间甚至一个工厂,考虑安全问题的系统范围,则不只是机和物,肯定要把“人—机—环境”都扯进来。实际上,“人—机—环境”的提法是考虑了安全问题的空间跨度和时间跨度两个方面。如此说来,即便是一台设备,如果把它的制造安全与使用安全考虑进来,也仍然是“人—机—环境”的复杂系统。

安全系统的目标不是寻求最优解。这是因为安全系统目标的多元化,以及安全目标的极强相对性、时间依赖性与其理想化理念很难协调,所以安全系统的目标解是具有一定灰度的满意解或可接受解。

(2)开放性

安全系统是客观存在的。这是因为安全系统是建立在安全功能构件的物质基础之上。但同时安全系统总是寄生在客体(另一个系统)中。在处理方法上,如果把客体看成一个黑匣子,安全系统是通过客体的能量流、物流和信息流的流入-流出的非线性变化趋势,确认安全和事故发生的可能性,因此,安全系统具有开放性特点。

开放性不仅是安全系统在动态中保持稳定存在的前提,也是安全系统复杂性及安全—事故转换发生的重要机制。

(3)确定性与非确定性

“确定性”是指制约系统演化的规则是确定性的,不含任何随机性因素。确定性的特征是演化方向及演化结果是确定的,可精确预测。“非确定性”或者具有演化方向和演化结果不确定,或者具有刻画事物运动特征的特征量不能客观精确地确定的特征。非确定性包括随机性和模糊性。

“随机性”可能有两个方面的来源:一是在不含任何外在的随机影响因素作用下,完全由

"确定性"系统演化而产生的随机性(如产生混沌),这种随机性称为本质随机性;二是系统还可能因其外在影响因素的随机作用而产生随机性行为,从而使系统在一定条件下表现出随机性的特征(外在随机性)。由于安全系统把环境看成它的组分,因此,对安全系统而言,本质随机性和外在随机性的区别不是绝对的。

"模糊性"是指事物的本身不清楚或衡量事物的尺度不清楚。对于安全系统而言,就是指系统的构成及其相互关系,以及组成与目标的关系不清楚。造成这些不清楚的可能来源在于主观和客观两个方面,即具有主观模糊性和客观模糊性。首先,刻画安全运行轨迹的以模糊数学方法建立的数学模型具有主观模糊性。因为数学模型常常不可能"严格地"确定安全系统各要素之间及其与目标之间完整的客观关系。当然,对于自然的技术因素之间的关系尚好一些。而对于社会的因素及其与技术因素的耦合关系将难于量化,因而也将难于建立准确的数学关系。应该强调的是,出现上述问题不完全是因安全系统本身不清楚,它可能只是人们对安全系统主观模糊性的表现。

另外,对安全系统安全度的评价尺度以及构成安全度等级的评价指标体系也具有客观模糊性,即从事物的本质上无法给出其客观衡量尺度。

(4)**安全系统是有序与无序的统一体**

序主要反映事物的组成的规律和时域。依据序的性质,可分为有序、混沌序和无序。有序通常同稳定性、规则性相关联,主要表现为空间有序、时间有序和结构有序。无序通常与不稳定、无规则相关联。而混沌序则是不具备严格周期和对称性的有序态。现代复杂系统演化理论认为,复杂系统的演化中,不同性质的序之间可以相互转化。安全系统序的转化结果是否引发灾害或使灾害扩大,取决于序结构的类型及系统对特定序结构下的运动的(灾害意义上的)承受能力。

有序和无序,确定性和非确定性都会在系统演化过程中通过其空间结构、时间结构、功能结构和信息结构的改变体现出来。

(5)**突变性或畸变性**

安全系统过程的突变或畸变,或过程由连续到非连续变化在本质上还是服从于量变引起质变的哲理。量变到质变的转化形式可用畸变、突变或飞跃来描述,但也可通过渐变实现。因此,安全系统的渐变也可能孕育着事故,而突变、畸变则肯定对应于灾害事故的启动,是致灾物质,或能量的突然释放。

综上所述,安全系统虽然与一般系统、非线性系统等有若干共同点,但安全系统的个性还是非常明显的,这是决定它客观存在并区别于其他系统的根本原因。

1.1.4 安全系统工程

安全系统工程是采用系统工程的基本原理和方法,预先识别、分析系统存在的危险因素,评价并控制系统风险,使系统安全性达到预期目标的工程技术。

对这个定义,可从以下4个方面理解:

①安全系统工程的理论基础是安全科学和系统科学。它是工矿企业劳动安全卫生领域

的系统工程。

②安全系统工程追求的是整个系统的安全和系统全过程的安全。

③安全系统工程的重点是系统危险因素的识别、分析，系统风险评价和系统安全决策与事故控制。

④安全系统工程要达到的预期安全目标将是系统风险控制在人们能够容忍的限度以内，也就是在现有经济技术条件下，最经济、最有效地控制事故，使系统风险在安全指标以下。

【任务实施】

(1)**任务准备**

课件，多媒体教学设备。

(2)**任务应用**

应用1.1　因本任务主要是要求学生掌握相关概念的内涵，故采取课堂讨论的方式，对学生进行分组。要求选定一组学生，对相关概念以自己理解的方式，口头表达出来，其他组的学生针对其表达的概念进行补充完善。

任务1.2　安全系统工程的研究对象和研究内容

【任务目标】

1. 了解安全系统工程的研究对象。
2. 熟悉安全系统工程的研究内容。

【任务描述】

学好安全系统工程，必须首先熟悉安全系统工程研究对象和内容。本任务主要从这两个方面做详细介绍，介绍安全系统工程主要的研究内容人子系统、机器子系统、环境子系统，并把安全工程研究内容归纳为系统安全分析、系统安全评价、系统安全决策与事故控制。

【知识准备】

1.2.1　安全系统工程的研究对象

安全系统工程作为一门科学技术，有它本身的研究对象。任何一个生产系统都包括3个部分，即从事生产活动的操作人员和管理人员，生产必需的机器设备、厂房等物质条件，以及生产活动所处的环境。这3个部分构成一个“人—机—环境”系统，每一部分就是该系统的一个子系统，称为人子系统、机器子系统和环境子系统。

(1)**人子系统**

该子系统的安全与否涉及人的生理和心理因素，以及规章制度、规程标准、管理手段、方法等是否适合人的特性，是否易于为人们所接受的问题。研究人子系统时，不仅把人当成“生物人”“经纪人”，更要看成“社会人”，必须从社会学、人类学、心理学、行为科学角度分析问题、解决问题；不仅把人子系统看成系统固定不变的组成部分，更要看到人是一种自尊自爱、有感情、有思想、有主观能动性的人。

(2)机器子系统

对该子系统,不仅要从工件的形状、大小、材料、强度、工艺、设备的可靠性等方面考虑其安全性,而且要考虑仪表、操作部件对人提出的要求,以及从人体测量学、生理学、心理与生理过程有关参数对仪表和操作部件的设计提出要求。

(3)环境子系统

对该子系统,主要应考虑环境的理化因素和社会因素。理化因素主要有噪声、振动、粉尘、有毒气体、射线、光、温度、湿度、压力、热及化学有害物质等;社会因素有管理制度、工时定额、班组结构及人际关系等。

3个子系统相互影响、相互作用的结果就使系统总体安全性处于某种状态。例如,理化因素影响机器的寿命、精度甚至损坏机器;机器产生的噪声、振动、温度、尘毒又影响人和环境;人的心理状态、生理状况往往是引起误操作的主观因素;环境的社会因素又会影响人的心理状态,给安全带来潜在危险。这就是说,这3个相互联系、相互制约、相互影响的子系统构成了一个"人—机—环境"系统的有机整体。分析、评价、控制"人—机—环境"系统的安全性,只有从3个子系统内部及3个子系统之间的这些关系出发,才能真正解决系统的安全问题。安全系统工程的研究对象就是这种"人—机—环境"系统(以下简称"系统")。

1.2.2 安全系统工程的研究内容

安全系统工程是专门研究如何用系统工程的原理和方法确保实现系统安全功能的科学技术。其主要技术手段有系统安全分析、系统安全评价和安全决策与事故控制。

(1)系统安全分析

要提高系统的安全性,使其不发生或少发生事故,其前提条件就是预先发现系统可能存在的危险因素,全面掌握其基本特点,明确其对系统安全性影响的程度。只有这样,才有可能抓住系统可能存在的主要危险,采取有效安全防护措施,改善系统安全状况。这里所强调的"预先"是指:无论系统生命过程处于哪个阶段,都要在该阶段开始之前进行系统的安全分析,发现并掌握系统的危险因素。这就是系统安全分析要解决的问题。

系统安全分析是使用系统工程的原理和方法,辨别、分析系统存在的危险因素,并根据实际需要对其进行定性、定量描述的技术方法。根据有关文献介绍,系统安全分析有多种形式和方法,使用中应注意:

①根据系统的特点、分析的要求和目的,采取不同的分析方法。因为每种方法都有其自身的特点和局限性,并非处处通用。使用中,有时要综合应用多种方法,以取长补短或相互比较,验证分析结果的正确性。

②使用现有分析方法不能死搬硬套,必要时要根据实用、好用的需要对其进行改造或简化。

③不能局限于分析方法的应用,而应从系统原理出发,开发新方法,开辟新途径,还要在以往行之有效的一般分析方法基础上总结提高,形成系统性的安全分析方法。

(2) **系统安全评价**

系统安全评价往往要以系统安全分析为基础，通过分析，了解和掌握系统存在的危险因素，但不一定要对所有危险因素采取措施。而是通过评价掌握系统的事故风险大小，以此与预定的系统安全指标相比较，如果超出指标，则应对系统的主要危险因素采取控制措施，使其降至该标准以下。这就是系统安全评价的任务。

评价方法也有多种，评价方法的选择应考虑评价对象的特点、规模，评价的要求和目的，采用不同的方法。同时，在使用过程中，也应与系统安全分析的使用要求一样，坚持实用和创新的原则。过去20年，我国在许多领域都进行了系统安全评价的实际应用和理论研究，开发了许多实用性很强的评价方法，特别是企业安全评价技术和重大危险源的评估、控制技术。

(3) **安全决策与事故控制**

任何一项系统安全分析技术或系统安全评价技术，如果没有一种强有力的管理手段和方法，也不会发挥其应有的作用。因此，在出现系统安全分析和系统安全评价技术的同时，也出现了系统安全决策。其最大的特点是从系统的完整性、相关性、有序性出发，对系统实施全面、全过程的安全管理，实现对系统的安全目标控制。最典型的例子是美国军用标准《系统安全程序》，美国道化学公司的安全评价程序，国际劳工组织、国际标准化组织倡导的《职业安全卫生管理体系》。系统安全管理是应用系统安全分析和系统安全评价技术，以及安全工程技术为手段，控制系统安全性，使系统达到预定安全目标的一整套管理方法、管理手段和管理模式。

【任务实施】

(1) **任务准备**

课件，多媒体教学设备。

(2) **任务应用**

应用1.2　因本任务主要是理论介绍，故采用课堂讨论的方式对本任务的知识进行应用。首先对学生进行分组，要求每组学生谈谈对安全系统工程研究方法和内容的看法。最后教师进行总结。

任务1.3　安全系统工程的产生与发展

【任务目标】

1. 了解安全系统工程产生和发展的过程。
2. 了解发展安全系统工程的重要性。

【任务描述】

要学好安全系统工程，必须熟悉安全系统工程的发展历史和发展必然。通过对其发展历史过程的学习，可使学生明确安全系统工程的重要性，提高学生学习的积极性。

【知识准备】

事故给人类带来无数灾难，严重地制约了经济发展和社会进步，甚至对人类生存构成巨大威胁。然而,事故的影响也并非都是消极的,它与其他事物一样,也有积极的一方面。例如,事故具有鲜明的反面教育的作用,它向人们展示了破坏的恶果,教人们必须按照科学规律办事。人们通过对事故的调查、分析,找出事故原因,研究并采取了有效控制事故的措施,改变了系统工艺、设备,从而提高了系统的性能,发展了专业技术。最后,事故也是诞生新的科学技术的催化剂。事故的强大负面效应对人类产生巨大的冲击作用,从而激发人类以更大的决心和更大的力量研究事故。通过对事故信息、资料的收集、整理、分析、研究,也就是充分开发利用"事故资源",一个崭新的自然科学学科就在人们这种不懈努力与坚苦卓绝的斗争中诞生了,这就是作用力与反作用力的作用机制。在科学技术发展的历史长河中,几乎每一个学科的诞生都离不开事故这种反作用力的作用。

安全系统工程也正是在这种事故的反作用下应运而生的。安全系统工程产生于20世纪60年代初期美英等工业发达国家。这一时期,由于美国在导弹系统研发过程中仅仅1年半的时间就连续发生4起重大事故,造成惨重损失,因此,迫使美国空军以系统工程的基本原理和管理方法来研究导弹系统的安全性、可靠性,并于1962年提出了"弹道导弹系统安全工程",制订了"武器系统安全标准";1963年提出了"系统安全程序";到1967年7月由美国国防部确认,将该标准提格为美国军用标准;之后又经两次修订,成为现在的MIL-STD-882B"系统安全程序要求"。它以标准的形式规范了美国军事系统的工程项目在招标以及研发过程中对安全性的要求和管理程序、管理方法、管理目标。这就是由事故引发的军事系统的安全系统工程。

原子弹是可怕的,从而在人们的心里存在着对以放射性物质为动力的核电站的恐惧心理。因此,在社会压力下各国的政府对核电站的要求极其严格,同时在核安全方面的研究投入了巨大的人力、物力。英国在这方面的研究开始比较早,到20世纪60年代中期就已建成了系统可靠性服务所和可靠性数据库,成功开发了概率风险评价(PRA)技术,从而以概率来计算核电站系统风险大小以及是否可以接受。到1974年美国原子能委员会发表了拉斯姆逊教授的"商用核电站风险评价报告"(WASH-1400),从而成功地开发应用了系统安全分析和系统安全评价技术。该报告的科学性和对事故预测的准确性得到了"三锂岛事件"(核电站堆芯熔化造成放射性物质泄漏事故)的证实。这就是核工业的安全系统工程。

化工企业的危险性和化工事故的危害性是众所周知的。随着工业规模的扩大和事故破坏后果的日益严重化,迫使化工企业加倍努力,严格控制事故,特别是化工厂的火灾爆炸事故。为此,美国道化学公司于1964年发表了化工厂"火灾爆炸指数评价法",俗称道氏法。该法经过多年的实用,修改了6次,出了第七版,并出版了教科书。该法是以根据化学物质的理化特性确定的物质系数为基础,综合考虑一般工艺过程和特殊工艺过程的危险特性,计算系统火灾爆炸指数,评价系统损失大小,并据此考虑安全措施,修正系统风险指数。之后,英国帝国化学公司在此基础上开发了蒙德评价法,日本提出了岗三法。20世纪70年代日本劳动省发表的评价方法,另辟蹊径,它是以分析与评价,定性评价与定量评价相结合为特点的"化工企业安全评价指南",也称"化工企业六步骤安全评价法"。该评价法是一种对化工系统的全过程如何进行评价的管理规范。它不仅规定了评价方法、评价技术,也规定了系统生命周期每个阶段用哪种评价方法，如何进行评价等。这就是化工系统的安全系统工程。

民品工业也存在安全系统工程的诞生与发展问题。20 世纪 60 年代正是美国市场竞争日趋激烈的年代，许多新产品在没有得到安全保障的情况下就投放市场，造成许多使用事故，用户纷纷要求厂方赔偿损失，甚至要求追究厂商刑事责任，迫使厂方在开发新产品的同时寻求提高产品安全性的新方法、新途径。这期间，在电子、航空、铁路、汽车及冶金等行业开发了许多系统安全分析方法和评价方法，这也可称为民品工业的安全系统工程。

在我国，安全系统工程的研究、开发是从 20 世纪 70 年代末开始的。天津东方化工厂应用安全系统工程成功地解决了高度危险企业的安全生产问题，为我国各个领域学习、应用安全系统工程起了带头作用。其后是各类企业借鉴引用国外的系统安全分析方法，对现有系统进行分析。到 80 年代中后期，人们研究的注意力逐渐转移到系统安全评价的理论和方法，开发了多种系统安全评价方法，特别是企业安全评价方法，重点解决了对企业危险程度的评价和企业安全管理水平的评价。

这期间，许多专家学者的相关专著也相继问世了，以系统的观点、方法，系统地总结了国内外安全系统的理论与方法，这些论著的共同观点如下：

①安全系统工程是在事故逼迫下产生的。安全系统工程也好，系统安全工程也好，都是在人类从事社会经济活动中因发生事故的规模如此巨大，事故损失如此惨重，以致人们再也承受不起这么严重的灾难，不得不在现有安全工程技术基础上，寻找能够预测、预防、预控事故的科学技术，安全系统工程就是在这样的背景下诞生的，即预先的系统安全分析、系统安全评价技术和对系统整个生命周期实施全过程安全控制的系统安全管理工程。

②现代科学技术的发展为安全系统工程的产生提供了必要条件。20 世纪 40 年代产生了系统可靠性工程，50 年代出现了系统工程，以及这一期间现代数学和计算机技术的迅速发展，使安全系统工程在 20 世纪 60 年代产生成为科学技术发展的必然产物，也是相关学科相互影响的必然结果。

③美国导弹技术的开发促使安全系统工程的诞生，但它不是安全系统工程产生的唯一策源地。美国导弹技术的开发深入地研究了系统的安全性和控制系统安全性的手段与方法，从而出现了空军标准“系统安全程序”和“系统安全程序要求”。同时也必须看到，在同一时期，还有核电站的概率风险评价技术，化工企业的火灾爆炸指数安全评价法，以及涉及产品安全的系统安全分析技术，如 FTA，ETA，FMEA 等，这些行业的安全系统工程都是在 20 世纪 60 年代短短几年时间产生的，因此，把所有这些成功的理论通过科学的总结形成一个完整的学科——安全系统工程，应当说是顺理成章的。

④安全系统工程不仅包括分析与评价技术，也应包括管理程序、管理方法等管理科学的内容。它也是以系统工程为基础的安全工程。

各类有关安全系统工程的论著，其内容都是以系统工程为基本原理，包括系统安全分析、系统安全评价和系统安全管理 3 部分内容。通过分析和评价认识风险，通过工程技术管理控制风险，使系统安全性达到预定的目标。

基于这种思想，迄今国外发表的系统安全分析、系统安全评价、系统安全管理技术与方法属于安全系统工程范畴；国内已经实践证明对预先控制事故、提高系统安全性确有实效的，具有系统工程鲜明特点的安全分析、安全评价和安全管理技术与方法也应当属于安全系统。

【任务实施】

(1)**任务准备**

课件,多媒体教学设备。

(2)**任务应用**

应用1.3　因本任务主要是理论介绍,故采用课堂讨论的方式对本任务的知识进行应用。首先对学生进行分组,要求每组学生对安全系统工程发展重要性进行阐述,并结合目前安全系统工程发展情况,对安全系统工程未来发展进行展望。

任务1.4　安全系统工程的应用特点

【任务目标】

熟悉安全系统工程的应用特点。

【任务描述】

学习安全系统工程的最终目标是应用。安全系统工程的应用与其他学科应用有不同之处。本任务主要介绍安全系统工程的应用特点,为以后安全系统工程理论联系实际奠定基础。

【知识准备】

安全系统工程是一门应用性很强的科学技术学科。几十年来,许多经典的应用范例始终激励人们进行不懈的探索,不断充实和发展其自身的理论体系,以期实现更好的应用效果,这是安全系统工程始终保持快速发展的重要原因。为了进一步促进学科发展,提高其实用性,有必要进一步明确安全系统工程的应用特点:

(1)**系统性**

无论是系统安全分析、系统安全评价的理论,还是系统安全管理模式和方法的应用都表现了系统性的特点。它从系统的整体出发,综合考虑系统的相关性、环境适应性等特性,始终追求系统总体目标的满意解或可接受解。

(2)**预测性**

安全系统工程的分析技术与评价技术的应用,无论是定性的,还是定量的,都是为了预测系统存在的危险因素和风险水平。它是通过这些预测来掌握系统安全状况如何,风险能否接受,以便决定是否应当采取措施,控制系统风险。因此,安全系统工程也称系统的事故预测技术。

(3)**层序性**

安全系统工程的应用是按照系统的时空两个跨度有序展开,管理规范的执行,一般是按照系统生命过程有序进行,而且贯彻到系统的方方面面。因此,安全系统工程具有明显的"动态过程"研究特点。

(4)**择优性**

择优性的应用特点主要体现在系统风险控制方案的综合与比较,从各种备选方案中选取最优方案。在选取控制风险的安全措施方面,一般按下列优先顺序选取方案:设计上消除→设计上降低→提供安全装置→提供报警装置→提出专门规程。因此,冗余设计、安全联锁等是安全系统工程经常采用的设计思想。

(5)**技术与管理的融合性**

安全系统工程是自然(技术)科学与管理科学的交叉学科,随着科技与经济的发展,人们对安全的追求目标(特别是生产领域)是本质安全。但是,一方面由于新技术的不断涌现,另一方面由于经济条件的制约,对一时做不到本质安全的技术系统,则必须用安全管理来补偿。因此,在相当长的时间内,解决安全问题还必须把技术与管理通过系统工程的方法有机地结合起来。

这些安全系统工程的应用特点应在该学科的理论研究和实际应用中得到充分重视,使安全系统工程发展更快些,应用效果更明显些。

【任务实施】

(1)**任务准备**

课件,多媒体教学设备。

(2)**任务应用**

应用1.4　由于本任务主要是理论介绍,因此,采用课堂讨论的方式对本任务的知识进行应用。首先对学生进行分组,要求每组学生举出自己知道的安全系统工程的应用案例,然后进行简单分析,最后教师进行总结。

教学情境 2
事故致因理论

【情境描述】

事故致因理论是从大量典型事故的本质原因的分析中所提炼出的事故机理和事故模型。这些机理和模型反映了事故发生的规律性,能为事故原因的定性、定量分析,为事故的预测预防,为改进安全管理工作,从理论上提供科学、完整的依据。

随着科学技术和生产方式的发展,事故发生的本质规律在不断变化,人们对事故原因的认识也在不断深入。因此,先后出现了十几种具有代表性的事故致因理论和事故模型。本教学情境主要讲述典型的事故致因理论和模型。

任务2.1　事故致因理论的发展

【任务目标】

1. 了解各种事故致因理论的特点。
2. 了解事故致因理论的发展过程。

【任务描述】

据统计,对我国交通事故而言,每 5 min 左右就会有一个人命丧车轮,每 1 min 左右就会有人因车祸致残。那么,事故是怎么发生的,它的发展规律有哪些,是否可以避免。针对这些问题,事故致因理论可以给出答案。本任务主要讲述事故致因理论的发展过程及其相关理论。

【知识准备】

在 20 世纪 50 年代前,资本主义工业化大生产飞速发展,美国福特公司的大规模流水线生产方式得到广泛应用。这种生产方式利用机械的自动化迫使工人适应机器,包括操作要求和工作节奏,一切以机器为中心,人成为机器的附属和奴隶。与这种情况相对应,人们往往将生产中的事故原因推到操作者的头上。

1919 年,由格林伍德(M. Greenwood)和伍兹(H. Woods)提出了"事故倾向性格"论,后来又由纽伯尔德(Newboid)在 1926 年以及法默(Farmer)在 1939 年分别对其进行了补充。该理论认为,从事同样的工作和在同样的工作环境下,某些人比其他人更易发生事故,这些人是事故倾向者,他们的存在会使生产中的事故增多;如果通过人的性格特点区分出这部分人而不予雇佣,则可减少工业生产的事故。这种理论把事故致因归咎于人的天性,至今仍有某些人赞成这一理论。但是,后来的许多研究结果并没有证实此理论的正确性。

1936 年美国人海因里希(W. H. Heinrich)提出了事故因果连锁理论。海因里希认为,伤害事故的发生是一连串的事件,按一定因果关系依次发生的结果。他用 5 块多米诺骨牌来形象地说明这种因果关系,即第一块牌倒下后会引起后面的牌连锁反应而倒下,最后一块牌即为伤害。因此,该理论也被称为"多米诺骨牌"理论。多米诺骨牌理论建立了事故致因的事件链这一重要概念,并为后来者研究事故机理提供了一种有价值的方法。

海因里希曾经调查了 75 000 件工伤事故,发现其中有 98% 是可以预防的。在可预防的工伤事故中,以人的不安全行为为主要原因的占 89.8%,而以设备的、物质的不安全状态为主要原因的只占 10.2%。按照这种统计结果,绝大部分工伤事故都是由工人的不安全行为引起的。海因里希还认为,即使有些事故是由物的不安全状态引起的,其不安全状态的产生也是由工人的错误所致。因此,这一理论与事故倾向性格论一样,将事件链中的原因大部分归于操作者的错误,表现出时代的局限性。

第二次世界大战爆发后,高速飞机、雷达、自动火炮等新式军事装备的出现,带来了操作的复杂性和紧张度,使得人们难以适应,常常发生动作失误。于是,产生了专门研究人类的工作能力及其限制的学问——人机工程学。它对战后工业安全的发展也产生了深刻的影响。人机工程学的兴起标志着工业生产中人与机器关系的重大改变。以前是按机械的特性来训练操作者,让操作者满足机械的要求;现在是根据人的特性来设计机械,使机械适合人的操作。

这种在人机系统中以人为主、让机器适合人的观念,促使人们对事故原因重新进行认识。越来越多的人认为,不能把事故的发生简单地说成操作者的性格缺陷或粗心大意,应重视机械的、物质的危险性在事故中的作用,强调实现生产条件、机械设备的固有安全,才能切实、有效地减少事故的发生。

1949 年,葛登(Gorden)利用流行病传染机理来论述事故的发生机理,提出了"用于事故的流行病学方法"理论。葛登认为,流行病病因与事故致因之间具有相似性,可参照分析流行病病因的方法分析事故。

流行病的病因有 3 种:当事者(病者)的特征,如年龄、性别、心理状况、免疫能力等;环境特征,如温度、湿度、季节、社区卫生状况、防疫措施等;致病媒介特征,如病毒、细菌、支原体等。这 3 种因素的相互作用,可导致人的疾病发生。与此相类似,针对事故,一要考虑人的因素,二要考虑作业环境因素,三要考虑引起事故的媒介。

这种理论比只考虑人失误的早期事故致因理论有了较大的进步,它明确地提出事故因素间的关系特征,事故是 3 种因素相互作用的结果,并推动了对这 3 种因素的研究和调查。但是,这种理论也有明显的不足,主要是有关致因的媒介。作为致病媒介的病毒等在任何时间和场合都是确定的,只是需要分辨并采取措施防治;而作为导致事故的媒介到底是什么,还需要识别和定义,否则该理论无太大用处。

1961 年由吉布森(Gibson)提出,并在 1966 年由哈登(Hadden)引申的“能量异常转移”论,是事故致因理论发展过程中的重要一步。该理论认为,事故是一种不正常的或不希望的能量转移,各种形式的能量构成了伤害的直接原因。因此,应通过控制能量或者控制能量的载体来预防伤害事故,防止能量异常转移的有效措施是对能量进行屏蔽。

能量异常转移论的出现为人们认识事故原因提供了新的视野。例如,在利用“用于事故的流行病学方法”理论进行事故原因分析时,就可将媒介看成促成事故的能量,即有能量转移至人体才会造成事故。

20 世纪 70 年代后,随着科学技术不断进步,生产设备、工艺及产品越来越复杂,信息论、系统论、控制论相继成熟并在各个领域获得广泛应用。对复杂系统的安全性问题,采用以往的理论和方法已不能很好地解决,因此,出现了许多新的安全理论和方法。

在事故致因理论方面,人们结合信息论、系统论和控制论的观点、方法,提出了一些有代表性的事故理论和模型。相对来说,20 世纪 70 年代以后是事故致因理论比较活跃的时期。

20 世纪 60 年代末(1969 年)由瑟利(J. Surry)提出,20 世纪 70 年代初得到发展的瑟利模型,是以人对信息的处理过程为基础描述事故发生因果关系的一种事故模型。这种理论认为,人在信息处理过程中出现失误从而导致人的行为失误,进而引发事故。与此类似的理论还有 1970 年的海尔(Hale)模型,1972 年威格里斯沃思(Wigglesworth)的“人失误的一般模型”,1974 年劳伦斯(Lawrence)提出的“金矿山人失误模型”,以及 1978 年安德森(Anderson)等人对瑟利模型的修正等。

这些理论均从人的特性与机器性能和环境状态之间是否匹配和协调的观点出发,认为机械和环境的信息不断地通过人的感官反映到大脑,人若能正确地认识、理解、判断,作出正确决策和采取行动,就能化险为夷,避免事故和伤亡;反之,如果人未能察觉、认识所面临的危险,或判断不准确而未采取正确的行动,就会发生事故和伤亡。因这些理论把人、机、环境作为一个整体(系统)看待,研究人、机、环境之间的相互作用、反馈和调整,从中发现事故的致因,揭示出预防事故的途径,故也有人将它们统称为系统理论。

动态和变化的观点是近代事故致因理论的又一基础。1972 年,本尼尔(Benner)提出了在处于动态平衡的生产系统中,因“扰动(Perturbation)”导致事故的理论,即 P 理论。此后,约翰逊(Johnson)于 1975 年发表了“变化-失误”模型,1980 年诺兰茨(W. E. Talanch)在《安全测定》一书中介绍了“变化论”模型,1981 年佐藤音信提出了“作用-变化与作用连锁”模型。

近十几年来,比较流行的事故致因理论是“轨迹交叉”论。该理论认为,事故的发生不外乎是人的不安全行为(或失误)和物的不安全状态(或故障)两大因素综合作用的结果,即人、物两大系列时空运动轨迹的交叉点就是事故发生的所在,预防事故的发生就是设法从时空上避免人、物运动轨迹的交叉。与轨迹交叉论类似的理论是“危险场”理论。危险场是指危险源能够对人体造成危害的时间和空间的范围。这种理论多用于研究存在诸如辐射、冲击波、毒物、粉尘及声波等危害的事故模式。

事故致因理论的发展虽还很不完善,还没有给出对事故调查分析和预测预防方面的普遍和有效的方法。然而,通过对事故致因理论的深入研究,必将在安全管理工作中产生深远影响。具体体现在以下 5 个方面:

①从本质上阐明事故发生的机理，奠定安全管理的理论基础，为安全管理实践指明正确的方向。

②有助于指导事故的调查分析，帮助查明事故原因，预防同类事故的再次发生。

③为系统安全分析、危险性评价和安全决策提供充分的信息和依据，增强针对性，减少盲目性。

④有利于认定性的物理模型向定量的数学模型发展，为事故的定量分析和预测奠定基础，真正实现安全管理的科学化。

⑤增加安全管理的理论知识，丰富安全教育的内容，提高安全教育的水平。

【任务实施】

(1) **任务准备**

课件，多媒体教学设备。

(2) **任务应用**

应用2.1　由于本任务主要是要求学生了解事故致因理论的发展，属于理论性的内容。因此，本任务应用选择课堂讨论的方法，对学生进行分组。要求学生在学习本任务的基础上，提出自己对事故致因的看法。最后教师进行总结。

任务2.2　几种代表性的事故致因理论

【任务目标】

1. 掌握事故因果连锁理论的内涵和应用方法。

2. 能够结合实际案例，对本任务介绍的几种典型事故致因理论进行应用。

【任务描述】

事故致因理论种类和数量非常多。本任务主要介绍几种典型的事故致因理论，分析这些理论的内涵和本质，并进行实际应用。这对于学生系统掌握事故致因理论具有重要意义。

【知识准备】

2.2.1　事故因果连锁理论

(1) **海因里希因果连锁理论**

海因里希是最早提出事故因果连锁理论的，他用该理论阐明了导致伤亡事故的各种因素以及这些因素与伤害之间的关系。该理论的核心思想是：伤亡事故的发生不是一个孤立的事件，而是一系列原因事件相继发生的结果，即伤害与各原因相互之间具有连锁关系。

海因里希提出的事故因果连锁过程包括以下5种因素（见图2.1）：

1) 遗传及社会环境（M）

遗传及社会环境是造成人的缺点的原因。遗传因素可能使人具有鲁莽、固执、粗心等性格，对于安全来说属于不良的性格；社会环境可能妨碍人的安全素质培养，助长不良性格的发展。这种因素是因果链上最基本的因素。

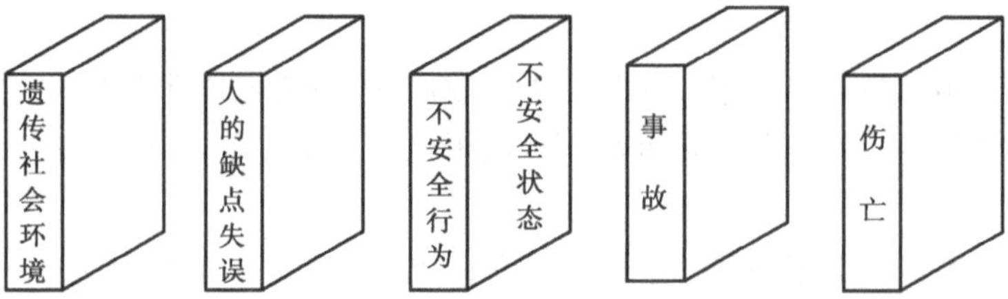

图 2.1　海因里希模型

2）人的缺点失误（P）

即因遗传和社会环境因素所造成的人的缺点。人的缺点是人产生不安全行为或造成物的不安全状态的原因。这些缺点既包括鲁莽、固执、易过激、神经质、轻率等性格上的先天缺陷，也包括缺乏安全生产知识和技能等的后天不足。

3）人的不安全行为或物的不安全状态（H）

这二者是造成事故的直接原因。海因里希认为，人的不安全行为是因人的缺点而产生的，是造成事故的主要原因。

4）事故（D）

事故是一种因物体、物质或放射线等对人体发生作用，使人员受到或可能受到伤害的、出乎意料的、失去控制的事件。

5）伤亡（A）

即直接由事故产生的人身伤害。

上述事故因果连锁关系，可用 5 块多米诺骨牌来形象地加以描述。如果第一块骨牌倒下（即第一个原因出现），则发生连锁反应，后面的骨牌相继被碰倒（相继发生）。

该理论积极的意义就在于，如果移去因果连锁中的任一块骨牌，则连锁被破坏，事故过程被中止。海因里希认为，企业安全工作的中心就是要移去中间的骨牌——防止人的不安全行为或消除物的不安全状态，从而中断事故连锁的进程，避免伤害的发生。

海因里希的理论有明显的不足，如它对事故致因连锁关系的描述过于绝对化、简单化。事实上，各个骨牌（因素）之间的连锁关系是复杂的、随机的。前面的牌倒下，后面的牌可能倒下，也可能不倒下。事故并不是全都造成伤害，不安全行为或不安全状态也并不是必然造成事故。尽管如此，海因里希的事故因果连锁理论促进了事故致因理论的发展，成为事故研究科学化的先导，具有重要的历史地位。

（2）**博德事故因果连锁理论**

博德在海因里希事故因果连锁理论的基础上，提出了与现代安全观点更加吻合的事故因果连锁理论。

博德的事故因果连锁过程同样为 5 个因素，但每个因素的含义与海因里希的都有所不同。

1）管理缺陷

对于大多数企业来说，因各种原因，完全依靠工程技术措施预防事故既不经济也不现实，只能通过完善安全管理工作，经过较大的努力，才能防止事故的发生。企业管理者必须认识到，只要生产没有实现本质安全化，就有发生事故及伤害的可能性。因此，安全管理是企业管理的重要一环。

安全管理系统要随着生产的发展变化而不断调整完善，十全十美的管理系统不可能存在。因安全管理上的缺陷致使能造成事故的其他原因出现。

2）个人及工作条件的原因

这方面的原因是因管理缺陷造成的。个人原因，包括缺乏安全知识或技能，行为动机不正确，以及生理或心理有问题等；工作条件原因，包括安全操作规程不健全，设备、材料不合适，以及存在温度、湿度、粉尘、气体、噪声、照明、工作场地状况（如打滑的地面、障碍物、不可靠支承物）等有害作业环境因素。只有找出并控制这些原因，才能有效地防止后续原因的发生，从而防止事故的发生。

3）直接原因

人的不安全行为或物的不安全状态是事故的直接原因。这种原因是安全管理中必须重点加以追究的原因。但是，直接原因只是一种表面现象，是深层次原因的表征。在实际工作中，不能停留在这种表面现象上，而要追究其背后隐藏的管理上的缺陷原因，并采取有效的控制措施，从根本上杜绝事故的发生。

4）事故

这里的事故被看成人体或物体与超过其承受阈值的能量接触，或人体与妨碍正常生理活动的物质的接触。因此，防止事故就是防止接触。可通过对装置、材料、工艺等的改进来防止能量的释放，或者操作者提高识别和回避危险的能力，佩戴个人防护用具等来防止接触。

5）损失

人员伤害及财物损坏统称为损失。人员伤害包括工伤、职业病和精神创伤等。

在许多情况下，可采取恰当的措施，使事故造成的损失最大限度地减小。例如，对受伤人员进行迅速、正确的抢救，对设备进行抢修，以及平时对有关人员进行应急训练等。

(3) 亚当斯事故因果连锁理论

亚当斯提出了一种与博德事故因果连锁理论类似的因果连锁模型。该模型以表格的形式给出，见表2.1。

表2.1　亚当斯事故因果连锁模型

管理体系	管理失误		现场失误	事　故	伤害或损坏
	领导者在下述方面决策失误或没有	安全技术人员在下述方面管理失误或疏忽		伤亡事故	
目标	(1)决策	(1)行为			
	(2)方针政策	(2)责任	不安全行为		对人
组织	(3)目标	(3)权限范围		损坏事故	
	(4)规范	(4)规则			
	(5)责任	(5)指导			
机能	(6)职级	(6)主动性			
	(7)考核	(7)积极性	不安全状态		对物
	(8)权限授予	(8)业务活动		无伤害事故	

在该理论中，事故和损失因素与博德理论相似。这里把人的不安全行为和物的不安全状态，称为现场失误。其目的在于提醒人们注意不安全行为和不安全状态的性质。

亚当斯理论的核心在于对现场失误的背后原因进行了深入的研究。操作者的不安全行为及生产作业中的不安全状态等现场失误，是因企业领导和安技人员的管理失误造成的。管理人员在管理工作中的差错或疏忽，企业领导人的决策失误，对企业经营管理及安全工作具有决定性的影响。管理失误又由企业管理体系中的问题所导致，这些问题包括如何有组织地进行管理工作、确定怎样的管理目标、如何计划、如何实施等。管理体系反映了作为决策中心的领导人的信念、目标及规范。它决定各级管理人员安排工作的轻重缓急、工作基准及指导方针等重大问题。

(4)北川彻三事故因果连锁理论

前面几种事故因果连锁理论把考察的范围局限在企业内部。实际上，工业伤害事故发生的原因是很复杂的，一个国家或地区的政治、经济、文化、教育、科技水平等诸多社会因素，对伤害事故的发生和预防都有着重要的影响。

日本人北川彻三正是基于这种考虑，对海因里希的理论进行了一定的修正，提出了另一种事故因果连锁理论，见表 2.2。

表 2.2　北川彻三事故因果连锁理论

基本原因	间接原因	直接原因	事故	伤害
学校教育原因 社会的原因 历史原因	技术原因 教育原因 身体原因 精神原因 管理原因	不安全行为 不安全状态		

在北川彻三的因果连锁理论中，基本原因中的各个因素已超出了企业安全工作的范围。但是，充分认识这些基本原因因素，对综合利用可能的科学技术、管理手段来改善间接原因因素，达到预防伤害事故发生的目的，是十分重要的。

2.2.2　能量意外转移理论

(1)能量意外转移理论的概念

在生产过程中，能量是必不可少的。人类利用能量做功，以实现生产目的。人类为了利用能量做功，必须控制能量。在正常生产过程中，能量在各种约束和限制下，按照人们的意志流动、转换和做功。如果因某种原因能量失去了控制，发生了异常或意外的释放，则称发生了事故。

如果意外释放的能量转移到人体，并且其能量超过了人体的承受能力，则人体将受到伤害。吉布森和哈登从能量的观点出发，曾经指出，人受伤害的原因只能是某种能量向人体的转移，而事故则是一种能量的异常或意外的释放。

能量的种类有许多，如动能、势能、电能、热能、化学能、原子能、辐射能、声能及生物能等。

人受到伤害都可归结为上述一种或若干种能量的异常或意外转移。麦克法兰特(McFarland)认为:“所有的伤害事故(或损坏事故)都是因为:①接触了超过机体组织(或结构)抵抗力的某种形式的过量的能量;②机体与周围环境的正常能量交换受到了干扰(如窒息、淹溺等),各种形式的能量是构成伤害的直接原因。”根据此观点,可将能量引起的伤害分为以下两大类:

①由转移到人体的能量超过了局部或全身性损伤阈值而产生的。人体各部分对每一种能量的作用都有一定的抵抗能力,即有一定的伤害阈值。当人体某部位与某种能量接触时,能否受到伤害及伤害的严重程度如何,主要取决于作用于人体的能量大小。作用于人体的能量超过伤害阈值越多,造成伤害的可能性越大。例如,球形弹丸以4.9 N的冲击力打击人体时,最多轻微地擦伤皮肤,而重物以68.9 N的冲击力打击人的头部时,会造成头骨骨折。

②因影响局部或全身性能量交换引起的。例如,因物理因素或化学因素引起的窒息(如溺水、一氧化碳中毒等),因体温调节障碍引起的生理损害、局部组织损坏或死亡(如冻伤、冻死等)。

能量伤害具体举例见表2.3、表2.4。

表2.3　因转移到人体的能量超过局部或全身性损伤阈值的能量引起的伤害实例

能量类型	产生的原发性损伤	举例和注释
机械能	移位、撕裂、破裂和压榨,主要损伤组织	由运动的物体(如子弹、刀具、针具及其他下落体)冲撞,以及由运动的身体冲撞相对静止的设备造成的损伤。如在跌倒时、飞行时和其他交通事故,以及物体打击、车辆伤害、机械伤害、起重伤害、高处坠落、坍塌、冒顶片帮中。具体的受伤害结果取决于合力施加的部位和方式
热能	炎症、凝固、烧焦和焚化,伤及身体任何层次	一、二、三度烧伤、灼烫。具体的伤害结果取决于热能作用的部位和方式
电能	干扰神经、肌肉功能以及凝固、烧焦和焚化,伤及身体任何层次	触电死亡、烧伤、干扰神经系统功能。具体的伤害结果取决于电能作用的部位和方式
电离辐射	细胞和亚细胞成分与功能的破坏	反应堆事故、医疗照射、滥用同位素、放射性坠尘的作用
化学能	伤害情况根据具体物质而定;如化学性皮炎、化学性烧伤、致癌、致遗传突变、致畸胎、急性中毒、窒息	包括因动物性、植物性毒素引起的损伤,化学烧伤如酸碱等,以及大多数元素和化合物在足够剂量时产生的不太严重而类型很多的损伤

表2.4　因影响局部或全身性能量交换引起的伤害实例

影响能量交换的类型	产生的损伤或障碍的种类	举例和注释
氧的利用	生理损害,组织或全身伤害、死亡	全身——因机械因素或化学因素引起的窒息(如溺水、一氧化碳中毒、氰化氢中毒等) 局部——“血管性意外”
热能	生理损害,组织或全身伤害、死亡	由体温调节障碍产生的损害、冻伤、冻死

能量转移理论的另一个重要概念是:在一定条件下,某种形式的能量能否产生人员伤害,除了与能量大小有关以外,还与人体接触能量的时间和频率、能量的集中程度、身体接触能量的部位等有关。

用能量转移的观点分析事故致因的基本方法是:首先确认某个系统内的所有能量源;然后确定可能遭受该能量伤害的人员,伤害的严重程度;最后确定控制该类能量异常或意外转移的方法。

能量转移理论与其他事故致因理论相比,具有以下两个主要优点:

①把各种能量对人体的伤害归结为伤亡事故的直接原因,从而决定了以对能量源及能量传送装置加以控制作为防止或减少伤害发生的最佳手段这一原则。

②依照该理论建立的对伤亡事故的统计分类,是一种可以全面概括、阐明伤亡事故类型和性质的统计分类方法。

能量转移理论的不足之处是:因意外转移的机械能(动能和势能)是造成工业伤害的主要能量形式,这就使得按能量转移观点对伤亡事故进行统计分类的方法尽管具有理论上的优越性,然而在实际应用上却存在困难。它的实际应用尚有待于对机械能的分类作更加深入、细致的研究,以便对机械能造成的伤害进行分类。

(2)**应用能量意外转移理论预防伤亡事故**

从能量意外转移的观点出发,预防伤亡事故就是防止能量或危险物质的意外释放,从而防止人体与过量的能量或危险物质接触。在工业生产中,经常采用的防止能量意外释放的措施有以下 8 种:

1)用较安全的能源替代危险大的能源

例如,用水力采煤代替爆破采煤;用液压动力代替电力,等等。

2)限制能量

例如,利用安全电压设备;降低设备的运转速度;限制露天爆破装药量,等等。

3)防止能量蓄积

例如,通过良好接地消除静电蓄积;采用通风系统控制易燃易爆气体的浓度,等等。

4)降低能量释放速度

例如,采用减振装置吸收冲击能量;使用防坠落安全网,等等。

5)开辟能量异常释放的渠道

例如,给电器安装良好的地线;在压力容器上设置安全阀,等等。

6)设置屏障

屏障是一些防止人体与能量接触的物体。屏障的设置有以下 3 种形式:

①屏障被设置在能源上,如机械运动部件的防护罩、电器的外绝缘层、消声器、排风罩等。

②屏障设置在人与能源之间,如安全围栏、防火门、防爆墙等。

③由人员佩戴的屏障,即个人防护用品,如安全帽、手套、防护服及口罩等。

7)从时间和空间上将人与能量隔离

例如,道路交通的信号灯;冲压设备的防护装置,等等。

8)设置警告信息

在很多情况下,能量作用于人体之前,并不能被人直接感知到。因此,使用各种警告信息是十分必要的,如各种警告标志、声光报警器等。

以上措施往往几种同时使用,以确保安全。此外,这些措施也要尽早使用,做到防患于未然。

2.2.3　基于人体信息处理的人失误事故模型

这类事故理论都有一个基本的观点,即人失误会导致事故,而人失误的发生是因人对外界刺激(信息)的反应失误造成的。

威格里斯沃思在1972年提出,人失误构成了所有类型事故的基础。他把人失误定义为"(人)错误地或不适当地响应一个外界刺激"。他认为,在生产操作过程中,各种各样的信息不断地作用于操作者的感官,给操作者以"刺激"。若操作者能对刺激作出正确的响应,事故就不会发生;反之,如果错误或不恰当地响应了一个刺激(人失误),就有可能出现危险。危险是否会带来伤亡事故,则取决于一些随机因素。

威格里斯沃思的事故模型可用图2.2中的流程关系来表示。该模型绘出了人失误导致事故的一般模型。

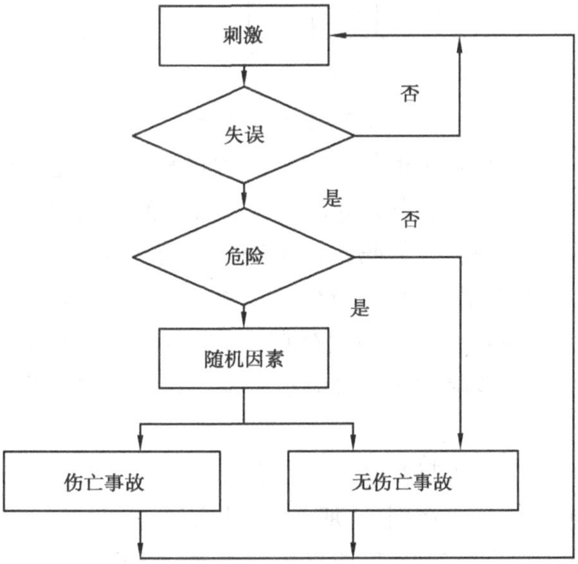

图2.2　威格里斯沃思事故模型

2.2.4　瑟利模型

瑟利把事故的发生过程分为危险出现和危险释放两个阶段。这两个阶段各自包括一组类似人的信息处理过程,即知觉、认识和行为响应过程。在危险出现阶段,如果人的信息处理的每个环节都正确,危险就能被消除或得到控制;反之,只要任何一个环节出现问题,就会使操作者直接面临危险。在危险释放阶段,如果人的信息处理过程的各个环节都是正确的,虽然面临着已经显现出来的危险,但仍然可以避免危险释放出来,不会带来伤害或损害;反之,只要任何一个环节出错,危险就会转化成伤害或损害。瑟利模型如图 2.3 所示。

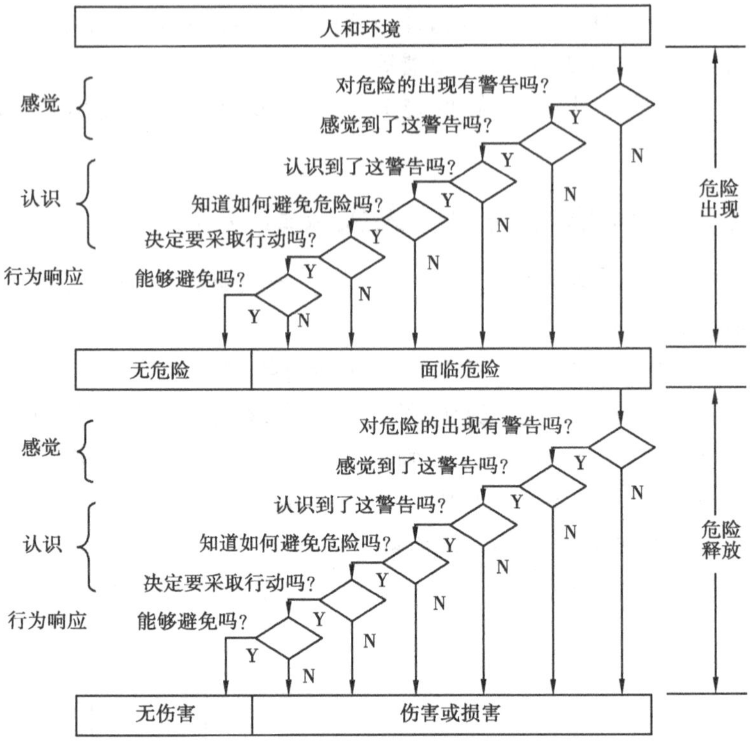

图 2.3　瑟利事故模型

由图 2.3 可知,两个阶段具有相类似的信息处理过程,每个过程均可被分解成 6 个方面的问题。下面以危险出现阶段为例,分别介绍这 6 个方面问题的含义。

第一个问题:对危险的出现有警告吗?这里警告的意思是指工作环境中是否存在,安全运行状态和危险状态之间可被感觉到的差异。如果危险没有带来可被感知的差异,则会使人直接面临该危险。在生产实际中,危险即使存在,也并不一定直接显现出来。这一问题给我们的启示,就是要让不明显的危险状态充分显示出来。这往往要采用一定的技术手段和方法来实现。

第二个问题:感觉到了这警告吗?这个问题有两个方面的含义:一是人的感觉能力如何,如果人的感觉能力差,或者注意力在别处,那么,即使有足够、明显的警告信号,也可能未被察觉;二是环境对警告信号的"干扰"如何,如果干扰严重,则可能妨碍对危险信息的察觉和接受。根据这个问题得到的启示是:感觉能力存在个体差异,提高感觉能力要依靠经验和训练,同时训练也可提高操作者抗干扰的能力;在干扰严重的场合,要采用能避开干扰的警告方式(如在噪声大的场所使用光信号或与噪声频率差别较大的声信号)或加大警告信号的强度。

第三个问题:认识到了这警告吗?这个问题问的是操作者在感觉到警告之后,是否理解了警告所包含的意义,即操作者将警告信息与自己头脑中已有的知识进行对比,从而识别出危险的存在。

第四个问题:知道如何避免危险吗?问的是操作者是否具备避免危险的行为响应的知识和技能。为了使这种知识和技能变得完善和系统,从而更有利于采取正确的行动,操作者应接受相应的训练。

第五个问题:决定要采取行动吗？表面上看,这个问题毋庸置疑,既然有危险,当然要采取行动。但在实际情况下,人们的行动是受各种动机中的主导动机驱使的,采取行动回避风险的“避险”动机往往与“趋利”动机(如省时、省力、多挣钱、享乐等)交织在一起。当“趋利”动机成为主导动机时,尽管认识到危险的存在,并且也知道如何避免危险,但操作者仍然会“心存侥幸”而不采取避险行动。

第六个问题:能够避免危险吗？问的是操作者在作出采取行动的决定后,是否能迅速、敏捷、正确地作出行动上的反应。

上述6个问题中,前两个问题都是与人对信息的感觉有关的,第3—5个问题是与人的认识有关的,最后一个问题是与人的行为响应有关的。这6个问题涵盖了人的信息处理全过程,并且反映了在此过程中有很多发生失误进而导致事故的机会。

瑟利模型适用于描述危险局面出现得较慢,如不及时改正则有可能发生事故的情况。对于描述发展迅速的事故,也有一定的参考价值。

2.2.5　动态变化理论

世界是在不断运动、变化着的,工业生产过程也在不断变化之中。针对客观世界的变化,我们的安全工作也要随之改进,以适应变化了的情况。如果管理者不能或没有及时地适应变化,则将发生管理失误;操作者不能或没有及时地适应变化,则将发生操作失误。外界条件的变化也会导致机械、设备等的故障,进而导致事故的发生。

(1)*扰动起源事故理论*

本尼尔认为,事故过程包含着一组相继发生的事件。这里,事件是指生产活动中某种发生了的事情,如一次瞬间或重大的情况变化,以及一次已被避免的或导致另一事件发生的偶然事件等。因此,可将生产活动看成一个自觉或不自觉地指向某种预期的或意外的结果的事件链,它包含生产系统元素间的相互作用和变化着的外界的影响。由事件链组成的正常生产活动,是在一种自动调节的动态平衡中进行的,在事件的稳定运行中向预期的结果发展。

事件的发生必然是某人或某物引起的,如果把引起事件的人或物称为“行为者”,而其动作或运动称为“行为”,则可用行为者及其行为来描述一个事件。在生产活动中,如果行为者的行为得当,则可维持事件过程稳定地进行;否则,可能中断生产,甚至造成伤害事故。

生产系统的外界影响是经常变化的,可能偏离正常的或预期的情况。这里称外界影响的变化为“扰动(Perturbation)”,扰动将作用于行为者,产生扰动的事件称为起源事件。

当行为者能够适应不超过其承受能力的扰动时,生产活动可以维持动态平衡而不发生事故。如果其中的一个行为者不能适应这种扰动,则自动平衡过程被破坏,开始一个新的事件过程,即事故过程。该事件过程可能使某一行为者承受不了过量的能量而发生伤害或损害,这些伤害或损害事件可能依次引起其他变化或能量释放,作用于下一个行为者并使其承受过量的能量,发生连续的伤害或损害。当然,如果行为者能够承受冲击而不发生伤害或损害,则事件过程将继续进行。

综上所述,可将事故看成由事件链中的扰动开始,以伤害或损害为结束的过程。这种事故理论也称“P 理论”。

(2)**变化-失误理论**

约翰逊认为,事故是由意外的能量释放引起的,这种能量释放的发生是因管理者或操作者没有适应生产过程中物的或人的因素的变化,产生了计划错误或人为失误,从而导致不安全行为或不安全状态,破坏了对能量的屏蔽或控制,即发生了事故,事故造成生产过程中人员伤亡或财产损失。如图 2.4 所示为约翰逊的变化-失误理论示意图。

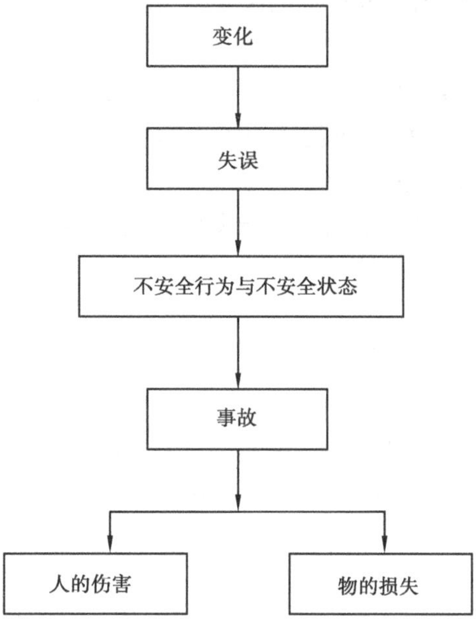

图 2.4　变化-失误理论

按照变化的观点,变化可引起人失误和物的故障。因此,变化被看成一种潜在的事故致因,应被尽早地发现,并采取相应的措施。作为安全管理人员,应对下述的一些变化给予足够的重视:

1)企业外部社会环境的变化

企业外部社会环境,特别是国家政治或经济方针、政策的变化,对企业的经营理念、管理体制及员工心理等有较大影响,必然也会对安全管理造成影响。例如,从对中华人民共和国成立以后全国工业伤害事故发生状况的分析可以发现,在“大跃进”和“文化大革命”两次大的社会变化时期,企业内部秩序被打乱,伤害事故均大幅度上升。

2)企业内部的宏观变化和微观变化

宏观变化是指企业总体上的变化,如领导人的变更,经营目标的调整,职工大范围的调整、录用,以及生产计划的较大改变等。微观变化是指一些具体事物的改变,如供应商的变化,以及机器设备的工艺调整、维护等。

3)计划内与计划外的变化

对有计划进行的变化,应事先进行安全分析,并采取安全措施;对不是计划内的变化,一要及时发现变化,二要根据发现的变化采取正确的措施。

4)实际的变化和潜在的变化

通过检查和观测可发现实际存在的变化;潜在的变化却不易发现,往往需要靠经验并经分析和研究后才能发现。

5)时间的变化

随着时间的流逝,人员对危险的戒备会逐渐松弛,设备、装置性能会逐渐劣化,这些变化与其他方面的变化相互作用,引起新的变化。

6)技术上的变化

采用新工艺、新技术,或开始新工程、新项目时发生的变化,人们因不熟悉而易发生失误。

7)人员的变化

这里主要是指员工心理、生理上的变化。人的变化往往不易掌握,因素也较复杂,需要认真观察和分析。

8)劳动组织的变化

当劳动组织发生变化时,可能引起组织过程的混乱,如项目交接不好,造成工作不衔接或配合不良,进而导致操作失误和不安全行为的发生。

9)操作规程的变化

新规程替换旧规程以后,往往要有一个逐渐适应和习惯的过程。

需要指出的是,在管理实践中,变化是不可避免的,也并不一定都是有害的,关键在于管理是否能适应客观情况的变化。要及时发现和预测变化,并采取恰当的对策,做到顺应有利的变化、克服不利的变化。

约翰逊认为,事故的发生一般是由多重原因造成的,包含着一系列的变化-失误连锁。从管理层次上看,有企业领导的失误,计划人员的失误,监督者的失误,以及操作者的失误等。

(3)**轨迹交叉论**

轨迹交叉论的基本思想是:伤害事故是许多相互联系的事件顺序发展的结果。这些事件概括起来不外乎人和物(包括环境)两大发展系列。当人的不安全行为和物的不安全状态在各自发展过程中(轨迹),在一定时间、空间发生了接触(交叉),能量转移于人体时,伤害事故就会发生。而人的不安全行为和物的不安全状态之所以产生和发展,又是受多种因素作用的结果。

轨迹交叉理论的示意图如图2.5所示。其中,起因物与致害物可能是不同的物体,也可能是同一个物体。同样,肇事者和受害者可能是不同的人,也可能是同一个人。

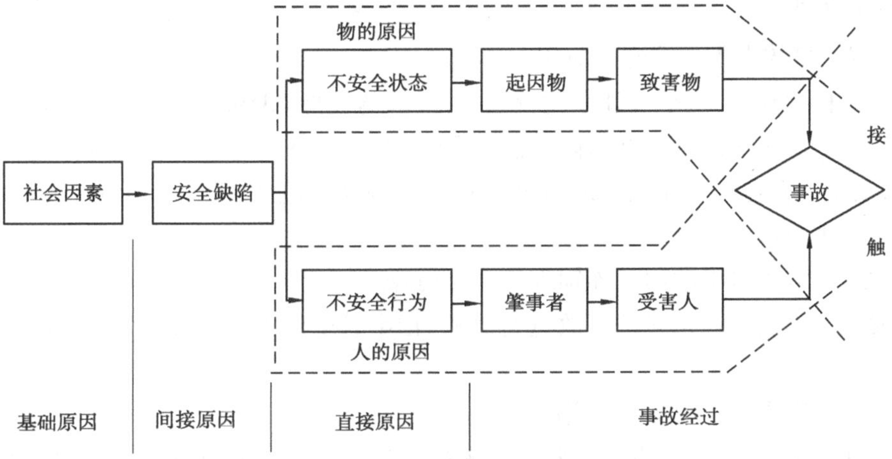

图2.5　轨迹交叉事故模型

轨迹交叉理论反映了绝大多数事故的情况。在实际生产过程中,只有少量的事故仅仅由人的不安全行为或物的不安全状态引起,绝大多数的事故是与二者同时相关的。例如,日本劳动省通过对50万起工伤事故调查发现,只有约4%的事故与人的不安全行为无关,而只有约9%的事故与物的不安全状态无关。

在人和物两大系列的运动中，二者往往是相互关联、互为因果、相互转化的。有时，人的不安全行为促进了物的不安全状态的发展，或导致新的不安全状态的出现；而物的不安全状态可诱发人的不安全行为。因此，事故的发生可能并不是如图 2.5 所示的那样简单地按照人、物两条轨迹独立地运行，而是呈现较为复杂的因果关系。

人的不安全行为和物的不安全状态是造成事故的直接原因。如果对它们进行更进一步的考虑，则可挖掘出二者背后深层次的原因。这些深层次原因的示例见表 2.5。

表 2.5　事故发生的原因

基础原因（社会原因）	间接原因（管理缺陷）	直接原因
遗传、经济、文化、教育培训、民族习惯、社会历史、法律	生理和心理状态、知识技能情况、工作态度、规章制度、人际关系、领导水平	人的不安全行为
设计、制造缺陷、标准缺乏	维护保养不当、保管不良、故障、使用错误	物的不安全状态

轨迹交叉理论作为一种事故致因理论，强调人的因素和物的因素在事故致因中占有同样重要的地位。按照该理论，可通过避免人与物两种因素运动轨迹交叉，来预防事故的发生。同时，该理论对于调查事故发生的原因，也是一种较好的工具。

【任务实施】

(1) **任务准备**

课件，多媒体教学设备，事故案例。

(2) **任务应用**

应用 2.2　事故因果连锁理论应用。

张江涛性格比较粗犷，平常开车比较毛糙，某天驾驶豫 AD3078 号大型客车，沿 107 国道由北往南行至信阳市浉河区双井医院门前路段时，大雪天路滑，张江涛未保持安全车速，采取措施不当，致使大型客车失控侧翻道路边沟内，造成大客车上乘客 3 人当场死亡、6 人受伤的特大道路交通事故。

1. 请说出海因里希事故因果连锁理论主要内容。

2. 请使用海因里希理论对该事故进行分析，指出其中的 5 块多米诺骨牌内容，分析事故发生过程。

应用 2.3　能量意外释放理论应用。

一工人在建筑施工现场，没有按照规定佩戴安全帽，被楼上掉下的砖块砸伤。请分析：

1. 请说出能量意外释放的主要能量源。

2. 本案例中的能量属于哪一类？从能量意外释放理论角度，分析如何避免本事故的出现。

应用 2.4　动态变化理论。

一个长期从事矿井综采作业的工人，因矿井掘进人手紧张，临时调其到掘进工作面进行爆破作业。因对工作不是完全熟悉，在装药过程中有些炮眼未防止水泡泥，导致放炮产生明火，诱发了瓦斯爆炸，最终造成 5 死、4 伤。

1. 请说出动态变化理论的主要内容。

2. 请使用动态变化理论中的变化事故理论进行解释。

应用 2.5　瑟利模型应用。

一名游客带着 5 岁的小孩在游览动物园时，发现有个地方门框上面标语写着野生动物区域，禁止进入。他上前查看发现门锁是坏的可以打开，于是就好奇地打开了门和小孩一起进入了该区域。当行走了一会儿后隐隐听到有老虎的声音，以为是哪个笼子里关着的动物，继续前行，最终两人被放养的老虎所伤致死。

1. 依据瑟利模型，本案例危险显现和危险释放如何确定？

2. 请依据瑟利模型进行事故分析，对该事故过程进行分析，并找出预防策略。

应用 2.6　轨迹交叉理论。

B 家具木材厂加工车间内用可移动式传送带传送物料，可移动式传送带的驱动电机使用 380 V 三芯电缆线供电，其铁制控制箱入口处的电缆线用布条缠绕固定。因控制箱随传送带经常移动，操作人员为图方便，只安装了一个螺栓固定。控制箱没有漏电保护装置。木材厂加工车间内粉尘浓度常年超标。某天，因车间内木材堆积，影响传送带正常工作，现场操作人员未采取任何保护措施带电移动传送带。在移动过程中，三芯电缆线松动脱落，带电电缆短路打火，发生粉尘爆炸事故。事故造成 2 人当场死亡、1 人重伤。重伤者经 34 天抢救无效死亡。事故造成木材厂加工车间厂房部分坍塌，全厂停产，直接经济损失 800 余万元。

1. 请阐述轨迹交叉理论的主要内容。

2. 结合轨迹交叉理论，分析本事故的发生过程。

教学情境 3
系统安全定性分析法

【情境描述】

定性安全评价方法主要是根据经验和直观判断能力对生产系统的工艺、设备、设施、环境、人员及管理等方面的状况进行定性的分析。安全评价的结果是一些定性的指标，如是否达到了某项安全指标、事故类别和导致事故发生的因素等。属于定性安全评价方法的有安全检查表、预先危险分析法、故障类型和影响分析、危险可操作性研究、作业条件危险性评价法（格雷厄姆-金尼法或 LEC 法）、因素图分析法。

定性安全评价方法的特点是容易理解、便于掌握，评价过程简单。目前，定性安全评价方法在国内外企业安全管理工作中被广泛使用。本教学情境主要选取几种常见的定性分析法，从基本原理、方法简介和实例应用方面进行介绍。

任务 3.1　安全检查表分析

【任务目标】

1. 熟悉安全检查表的基本原理。
2. 掌握安全检查表的使用方法。

【任务描述】

安全检查表是使用范围最广且具有很强的操作性的一种方法。本任务介绍安全检查表的基本检查内容，以及检查表的形式、类型及特点。通过任务实施，将安全检查表应用到实践中。

【知识准备】

3.1.1　基本原理

(1) **安全检查**

安全检查是运用常规、例行的安全管理工作及时发现不安全状态及不安全行为的有效途径,也是消除事故隐患、防止伤亡事故发生的重要手段。

安全检查除了进行经常性的检查外,还应定期地进行群众性的检查。检查的性质可分为普遍检查、专业性检查和季节性检查等。

安全检查方法的目的是辨识可能导致事故、引起伤害、重要财产损失或对公共环境产生重大影响的装置条件或操作规程。一般安全检查人员主要包括与装置有关的人员,如操作人员、维修人员、工程师、管理人员、安全员等,可视工厂的组织情况而定。

安全检查目的是为了提高整个装置的安全操作度,而不是干扰正常操作或对发现的问题采取处罚。完成了安全检查后,评价人员对亟待改进的地方应提出具体的措施和建议。

安全检查的内容主要是查思想、查管理、查隐患、查事故处理。

1)查思想

检查企业领导和各级管理人员的思想认识,是否把职工的安全健康放在首位,对安全法规、政策和安全生产方针是否认真贯彻执行。

2)查管理

主要是检查企业领导是否把安全生产列入议事日程;企业主要负责人在计划、布置、检查、总结、评比生产的同时是否将“五同时”的要求落到实处;新建、改建、扩建的工程项目与安全卫生设施是否执行同时设计、同时施工、同时投产的“三同时”原则;安全机构、安全教育制度、安全规章制度以及特种作业人员的培训制度是否健全。

3)查隐患

通过检查生产设备、劳动条件、安全卫生设施是否符合安全要求,以及劳动者在生产中是否存在着不安全行为等,找出不安全因素和事故隐患。

4)查事故处理

检查企业对伤亡事故是否及时报告,认真调查;是否按“三不放过”的要求严肃处理;是否采取了有效措施避免类似事故重复发生。

(2)安全检查表

安全检查表分析(Safety Checklist Analysis)是依据相关的标准、规范,对工程、系统中已知的危险类别、设计缺陷以及与一般工艺设备、操作、管理有关的潜在危险性和有害性进行判别检查。它适用于工程、系统的各个阶段,是系统安全工程的一种最基础、最简便、广泛应用的系统危险性评价方法。

3.1.2　安全检查表分析法

(1)安全检查表的形式

安全检查表的形式很多,检查表可根据不同的检查目的进行设计,也可按照统一要求的标准格式制作。在进行安全检查时,利用安全检查表能做到目标明确、要求具体、查之有据。对发现的问题做出明确的记录,并提出解决的方案,同时落实到责任人,以便及时整改。安全检查表的基本格式见表3.1。

表 3.1　安全检查表基本形式

检查项目名称：　　　　　　　　　　　　　　　　日期：______年______月______日

序号	检查项目	扣 分 标 准	扣分情况	整改措施

检查人员：__________　　项目部安全：__________　　项目经理：__________

(2)**安全检查表的类型**

根据用途和安全检查表的内容，安全检查表可分为以下 5 种类型：

1)设计用安全检查表

它主要用于设计人员和安全监察人员及安全评价人员在设计审核时，对企业生产性建设和技改工程项目进行设计审核时使用。也可作为“三同时”的安全预评价审核的依据。其主要内容应包括：平面布置、装置、设备、设施工艺流程的安全性，机械设备设施的可靠性，主要安全装置与设备、设施布置及操作的安全性，消防设施与消防器材、防尘防毒设施、措施的安全性，以及危险物质的储存、运输、使用、通风、照明、安全通道等方面。

2)厂级的安全检查表

它主要用于全厂性安全检查，也可用于安全技术、防火等部门进行日常检查。其主要内容包括主要安全装置与设施、危险物品的储存与使用、消防通道与设施、操作管理及遵章守纪等方面的情况。

3)车间的安全检查表

它用于车间进行定期检查和预防性检查。其重点在人身、设备、运输、加工等不安全行为和不安全状态方面。其内容包括工艺安全、设备布置、安全通道、通风照明、安全标志、尘毒和有害气体的浓度、消防措施及操作管理等。

4)工段及岗位的安全检查表

它用于工段和岗位进行自检、互检和安全教育。其重点放在因违规操作而引起的多发性事故上。其内容应根据岗位的操作工艺和设备的抗灾性能而定。要求检查内容具体、易行。

5)专业性安全检查表

此类表格是由专业机构或职能部门所编制和使用的。它主要用来进行定期的或季节性的安全检查，如对电气设备、起重设备、压力容器、特殊装置与设施等的专业性检查。

(3)**安全检查表的编制依据及步骤**

1)编制依据

安全检查表应由专业干部、有关部门领导、工程技术人员和工人共同编写,并通过实践检验不断修改,使之逐步完善。

安全检查表可按生产系统、车间、工段及岗位编写,也可按专题编写,如对重要设备和容易出现事故的工艺流程,就应编制该项工艺的专门的安全检查表。

安全检查表的编制过程,也是对系统进行安全分析的过程。通过对系统的全面分析,结合有关资料,找出系统中存在的隐患、事故发生的可能途径和影响后果等,然后根据有关法规、规章制度、标准和安全技术要求,完成检查表的制订工作。为了清楚地列出检查表中的检查项目和检查重点,可首先通过事故树分析找出导致事故的基本事件和最小割集,然后进行逐一审查,并确定它们之间的逻辑关系。

2)编制步骤及注意事项

安全检查表分析法主要包括4个操作步骤:收集评价对象的有关数据资料;选择或编制安全检查表;现场检查评价;编写评价结果分析。

编制安全检查表应注意的事项如下:

①编制安全检查表的过程,实质是理论知识、实践经验系统化的过程,一个高水平的安全检查表需要专业技术的全面性、多学科的综合性和对实际经验的统一性。为此,应组织技术人员、管理人员、操作人员和安全人员深入现场共同编制。

②按查隐患要求列出的检查项目应齐全、具体、明确,突出重点,抓住要害。为了避免重复,尽可能将同类性质的问题列在一起,系统地列出问题或状态。另外,应规定检查方法,并有合格标准,防止检查表笼统化、行政化。

③各类检查表都有其适用对象,各有侧重,是不宜通用的。

④危险性部位应详细检查,确保一切隐患在可能发生事故之前就被发现。

⑤编制安全检查表时应将安全系统工程中的事故树分析、事件树分析、预先危险性分析及可操作性研究等方法进行综合。

(4)**安全检查表的特点**

安全检查表是进行系统安全性分析的基础,也是安全检查中行之有效的基本方法。它具有以下明显的特点:

①通过预先对检查对象进行详细调查研究和全面分析,所制订出来的安全检查表比较系统、完整,能包括控制事故发生的各种因素,可避免检查过程中的走过场和盲目性,从而提高安全检查工作的效果和质量。

②安全检查表是根据有关法规、安全规程和标准制订的。因此,检查目的明确,内容具体,易于实现安全要求。

③对所拟订的检查项目进行逐项检查的过程,也是对系统危险因素辨识、评价和制订出措施的过程,既能准确地查出隐患,又能得出确切的结论,从而保证了有关法规的全面落实。

④检查表是与有关责任人紧密相连系的，故易于推行安全生产责任制，检查后能做到事故清、责任明、整改措施落实快。

⑤安全检查表是通过问答的形式进行检查的过程，故使用起来简单易行，易于安全管理人员和广大职工掌握和接受，可经常自我检查。

总之，安全检查表不仅可用于系统安全设计的审查，也可用于生产工艺过程中的危险因素辨识、评价和控制，以及用于行业标准化作业和安全教育等方面，是一项进行科学化管理、简单易行的基本方法，具有实际意义和广泛的应用前景。

【任务实施】

(1)**任务准备**

课件，视频资料，联系施工现场。

(2)**任务应用**

应用 3.1　将学生带到施工现场，指导学生补充完善表 3.2 和表 3.3 安全检查表的扣分标准，然后通过现场安全检查完成表 3.2 塔吊安全检查表和表 3.3 施工机具安全检查表的其他内容(注：如果建筑施工现场和下面表格检查项目有出入可适当调整表格内容)。

表 3.2　塔吊安全检查表

检查项目名称：　　　　　　　　　　　　　　　　　　　日期：______年______月______日

序号	检查项目		扣分标准	应得分数	扣减分数	实得分数
1	保证项目	力矩限制器	无力矩限制器，扣____分 力矩限制器不灵敏，扣____分			
2		限位器	无超高、变幅、行走限位的，每项扣____分 限位器不灵敏的，每项扣____分			
3		保险装置	吊钩无保险装置的，扣____分 卷扬机卷筒无保险装置，扣____分 上人爬梯无护圈或护圈不符合要求，扣____分			
4		附墙装置与夹轨钳	塔吊高度超过规定不安装附墙装置的，扣____分 附墙装置安装不符合说明书要求的，扣____分 无夹轨钳，扣____分 有夹轨钳不用每一处，扣____分			
5		安装与拆卸	未制订安装拆除方案的，扣____分 作业队伍没有取得资格证的，扣____分			
6		塔吊指挥	司机无证上岗的，扣____分 指挥无证上岗的，扣____分 高塔指挥不使用旗语或对讲机的，扣____分			

续表

<table>
<tr><td>序号</td><td colspan="2">检查项目</td><td>扣分标准</td><td>应得分数</td><td>扣减分数</td><td>实得分数</td></tr>
<tr><td>7</td><td rowspan="4">一般项目</td><td>路基与轨道</td><td>路基不坚实、不平整、无排水措施，扣____分
枕木铺设不符合要求，扣____分
道钉与接头螺栓数量不足，扣____分
轨距偏差超过规定的，扣____分
轨道无极限位置阻挡器，扣____分
高塔基础不符合设计要求，扣____分</td><td></td><td></td><td></td></tr>
<tr><td>8</td><td>电气安全</td><td>行走塔吊无卷线器或失灵，扣____分
塔吊与架空线路小于安全距离又无防护措施，扣____分
防护措施不符合要求，扣____分
道轨无接地、接零，扣____分
接地、接零不符合要求，扣____分</td><td></td><td></td><td></td></tr>
<tr><td>9</td><td>多塔作业</td><td>两台以上塔吊作业、无防碰撞措施，扣____分
措施不可靠，扣____分</td><td></td><td></td><td></td></tr>
<tr><td>10</td><td>安装验收</td><td>安装完毕无验收资料或责任人签字的，扣____分
验收单上无量化验收内容的，扣____分</td><td></td><td></td><td></td></tr>
<tr><td colspan="3">小　计</td><td></td><td></td><td></td><td></td></tr>
<tr><td colspan="3">检查项目合计</td><td colspan="4"></td></tr>
</table>

检查人员：____________　　项目部安全：____________　　项目经理：____________

表 3.3　施工机具安全检查表

检查项目名称：______　　日期：______年______月______日

序号	检查项目	扣分标准	应得分数	扣减分数	实得分数
1	平刨	平刨安装后无验收合格手续，扣____分 无护手安全装置，扣____分 未做保护接零、无漏电保护器的，各扣____分 无人操作时未切断电源的，扣____分 使用平刨和圆盘锯合用一台电机的多功能木工机具的，平刨和圆盘锯两项扣____分			

续表

序号	检查项目	扣分标准	应得分数	扣减分数	实得分数
2	圆盘电锯	电锯安装后无验收合格手续的,扣____分 无锯盘护罩、分料器、防护挡板安全装置和传动部位无防护每缺一项的,扣____分 未做保护接零、无漏电保护器的,各扣____分 无人操作时未切断电源的,扣____分			
3	手持电动工具	Ⅰ类手持电动工具无保护接零的,扣____分 使用Ⅰ类手持电动工具不按规定穿戴绝缘用品的,扣____分 使用手持电动工具随意接长电源线或更换插头的,扣____分			
4	钢筋机械	机械安装后无验收合格手续的,扣____分 未做保护接零、无漏电保护器的,各扣____分 钢筋冷拉作业区及对焊作业区无防护措施的,扣____分 传动部位无防护的,扣____分			
5	电焊机	机械安装后无验收合格手续的,扣____分 未做保护接零、无漏电保护器的,各扣____分 无二次空载降压保护器或防触电装置的,扣____分 一次线长度超过规定或不穿管保护的,扣____分 焊把线接头超过3次或绝缘老化的,扣____分 电源不使用自动开关的,扣____分 电焊机无防雨罩的,扣____分			
6	搅拌机	搅拌机安装后无验收合格手续的,扣____分 未做保护接零、无漏电保护器的,各扣____分 离合器、制动器、钢丝绳达不到要求的,每项扣____分 操作手柄无保险装置的,扣____分 搅拌机无防雨棚和作业台不安全的,扣____分 搅拌机无保险挂钩或挂钩不使用的,扣____分 传动部位无防护罩的,扣____分 作业平台不平稳的,扣____分			
7	气瓶	各种气瓶无标准色标的,扣____分 气瓶间距小于5 m、距明火小于10 m又无隔离措施的,各扣____分 乙炔瓶使用或存放时平放的,扣____分 气瓶存放不符合要求的,扣____分 气瓶无防震圈、防护帽的,每一个扣____分			

续表

序号	检查项目	扣分标准	应得分数	扣减分数	实得分数
8	翻斗车	翻斗车未取得准用证的,扣____分 翻斗车制动装置不灵敏的,扣____分 无证司机驾车的,扣____分 行车载人或违章行车,每发现一处扣____分			
9	潜水泵	未做保护接零、无漏电保护器的,各扣____分 保护装置不灵敏、使用不合理的,扣____分			
10	打桩机械	打桩机未取得准用证,安装后无验收合格手续,扣____分 打桩机无超高限位装置的,扣____分 打桩机行走路线不符合说明书要求的,扣____分 打桩作业无方案的,扣____分 打桩操作违反操作规程的,扣____分			

检查人员:__________　　项目部安全:__________　　项目经理:__________

应用3.2　请每个同学根据宿舍用电情况,自行编制一个宿舍用电安全检查表。

任务3.2　预先危险性分析

【任务目标】

1. 熟悉预先危险分析的基本原理。
2. 掌握预先危险分析的使用方法。

【任务描述】

在新建项目,改建扩建项目时经常用到预先危险分析,这种方法使用面较广泛,通过预先危险分析可提前分析出系统存在的危险、有害因素,以及这些危险、有害因素的伤害方式及结果。本任务主要解决该方法的应用问题。

【知识准备】

3.2.1　基本原理

预先危险性分析方法(Preliminary Hazard Analysis)是一种起源于美国军用标准安全计划的方法,是在每项生产活动之前,特别是在设计的开始阶段,对系统存在危险类别、出现条件、事故后果等进行概略的分析,尽可能识别潜在的危险性,确定其危险等级,防止危险发展成事故。

预先危险性分析方法通常用于对潜在危险了解较少和无法凭经验觉察的工艺项目的初期阶段。

3.2.2 预先危险性分析方法

(1)预先危险性分析法的主要功能

①识别与系统有关的一切主要危害。

②鉴别产生危险的原因。

③估计事故出现后产生的后果。

④提出消除或控制危险性的防范措施。

(2)预先危险性分析法的步骤

进行预先危险性分析时,一般是利用安全检查表、经验和技术先查明危险因素存在方位,然后识别使危险因素演变为事故的触发因素和必要条件,对可能出现的事故后果进行分析,并采取相应的措施。

预先危险性分析包括准备、审查和结果汇总3个阶段。

1)准备阶段

对系统进行分析前,要收集有关资料和其他类似系统以及使用类似设备、工艺物质的系统的资料。对所分析的系统,要弄清其功能、构造,为实现其功能所采用的工艺过程,以及选用的设备、物质、材料等。由于预先危险性分析是在系统开发的初期阶段进行的,而获得的有关分析系统的资料是有限的。因此,在实际工作中,需要借鉴类似系统的经验来弥补分析系统资料的不足。通常采用类似系统、类似设备的安全检查表作参照。

2)审查阶段

通过对方案设计、主要工艺和设备的安全审查,辨识其中主要的危险因素,也包括审查设计规范和采取的消除、控制危险源的措施。

通常,应按照预先编制好的安全检查表逐项进行审查,其审查的主要内容有以下6个方面:

①危险设备、场所、物质。

②有关安全设备、物质间的交接面,如物质的相互反应,火灾爆炸的发生及传播,以及控制系统等。

③对设备、物质有影响的环境因素,如地震、洪水、高(低)温、潮湿、振动等。

④运行、试验、维修、应急程序,如人失误后果的严重性,操作者的任务,设备布置及通道情况,以及人员防护等。

⑤辅助设施,如物质、产品储存,试验设备,人员训练,以及动力供应等。

⑥有关安全装备,如安全防护设施、冗余系统及设备、灭火系统、安全监控系统及个人防护设备等。

根据审查结果,确定系统中的主要危险因素,研究其产生原因和可能发生的事故。根据事故原因的重要性和事故后果的严重程度,确定危险因素的危险等级。通常把危险因素划分为以下4级：

Ⅰ级：安全的，暂时不能发生事故，可忽略。

Ⅱ级：临界的，有导致事故的可能性，事故处于临界状态，可能造成人员伤亡和财产损失，应采取措施予以控制。

Ⅲ级：危险的，可能导致事故发生，造成人员伤亡或财产损失，必须采取措施进行控制。

Ⅳ级：灾难的，会导致事故发生，造成人员严重伤亡或财产巨大损失，必须立即设法消除。

针对识别出的主要危险因素，可通过修改设计，加强安全措施来消除或予以控制，从而达到系统安全的目的。

3）结果汇总阶段

按照检查表格汇总分析结果。典型的结果汇总表包括主要事故及其产生原因、可能的后果、危险性级别，以及应采取的相应措施等。

（3）预先危险性分析的格式

预先危险性分析可以以危险有害因素为分析对象，也可以以具体的事故为分析对象，形成表3.4和表3.5的表格形式。这两种形式是比较常见的形式，也可根据具体情况进行适当改动。

表3.4　以危险有害因素为分析对象的预先危险性分析表

危险因素	触发事件	现　象	事故原因	事故情况	事故后果	危险等级	建议的安全措施

表3.5　以事故类别为分析对象的预先危险性分析的表格形式

潜在事故	
危险因素	
触发条件一	
发生条件	
触发条件二	
事故后果	
危险等级	
危险程度	
防范措施	

【任务实施】

(1)任务准备

课件,相关资料,多媒体教学设备。

(2)任务应用

应用3.3　让学生阅读表3.6熟悉预先危险分析表编制方法。依据这个表编制一个瓦斯爆炸实训室预先危险分析表。

应用3.4　让学生阅读表3.7火灾、爆炸事故预先危险分析和表3.8中毒、窒息事故预先危险分析表,参照这个表的形式,编制一个学生公寓触电事故的预先危险分析表。

表3.6　常减压蒸馏装置开停工预先危险分析表(部分)

危险因素	触发事件	现　象	事故原因	事故情况	事故后果	危险等级	建议的安全措施
天然气	加热炉点火	爆炸	与空气混合达到爆炸极限	加热炉爆炸	人员伤亡财产损失	Ⅲ	吹扫置换干净,爆炸性气体分析,防可燃气泄漏
油气	减压塔负压生产	爆炸	空气进入塔达到爆炸极限	减压塔爆炸着火	人员伤亡财产损失	Ⅲ	开工前按规定试正压和试负压;认真巡检;规范操作
油气	电脱盐罐送电	爆炸	与空气混合达到爆炸极限	电脱盐罐爆炸	人员伤亡财产损失	Ⅲ	蒸汽吹扫置换,罐顶排空,送电满油位联锁
硫化亚铁	人孔开启	自燃	硫化亚铁在空气中氧化自燃	减压塔填料火灾	财产损失	Ⅲ	减压塔填料进行水冲洗;温度降至常温才能打开人孔
汽油	回流罐液位失灵	下火雨	汽油从不凝气线进入加热炉	加热炉下火雨	人员伤亡财产损失	Ⅲ	采用双法兰液位计;及时核对液位;认真巡检
渣油	取样或机泵、换热器法兰泄漏	带压自燃	高温渣油泄漏,在空气中自燃	火灾	人员伤亡财产损失	Ⅲ	规范操作;提高检修质量;认真巡检;投用火灾报警监测仪
油气	塔腐蚀穿孔	着火	油气泄漏至高温设备自燃	火灾	人员伤亡财产损失	Ⅲ	严格审核设计;定期检测设备;认真巡检;投用火灾报警监测仪
常顶汽油	停电或顶回流中段回流不上量	不凝气高点放空喷油	塔内热量上移,大量油气进入塔顶回流罐,液位猛涨	火灾	人员伤亡财产损失	Ⅲ	做好应急方案,迅速转移回流罐油气

表 3.7　某化工装置火灾、爆炸事故预先危险分析

潜在事故	火灾、爆炸
危险因素	可燃爆物质(如苯酚、丙酮、甲烷气体等)泄漏,压力容器爆炸
触发条件一	一、故障泄漏 1. 储罐、槽、塔、器、管线阀门、法兰等破损、泄漏 2. 罐、槽、塔、器、管、阀、表等连接处泄漏,泵破裂或转动设备密封处泄漏 3. 罐、槽、塔、管、阀等因加工、材质、焊接等质量不好或安装不当而泄漏 4. 罐、槽、塔、器、阀门、泵、管道、流量计、仪表连接处泄漏 5. 撞击或人为损坏造成容器、管道泄漏,以及储罐、槽等超装溢出 6. 由自然灾害(如雷击、台风、地震)造成设备破裂泄漏 二、运行泄漏 1. 超温、超压造成破裂、泄漏 2. 安全阀、防爆膜等安全附件失灵、损坏或操作不当 3. 进出料配比、料量、速度不当造成反应失控导致容器、管道等破裂、泄漏 4. 物料在容器、管道或其他储存体中自聚、破裂、泄漏 5. 热交换不充分而造成能量过量积聚,导致罐、槽、塔、器等破裂、泄漏 6. 垫片撕裂造成泄漏,以及骤冷、急热造成罐、槽、塔、器等破裂、泄漏 7. 承压容器未按有关规定及操作规程操作 8. 转动部件不洁而摩擦产生高温及高温物件遇易燃物品
发生条件	1. 易燃易爆物蒸汽压达爆炸极限 2. 易燃易爆物料泄漏 3. 易燃物质遇明火 4. 存在点火源、静点、高温物体等引发能量
触发条件二	一、明火 1. 火星飞溅 2. 违章动火 3. 外来人员带入火种 4. 物质过热引发 5. 点火吸烟 6. 他处火灾蔓延 7. 其他火源 二、火花 1. 金属撞击(带钉皮鞋、工具碰撞等) 2. 电气火花 3. 线路老化或受到损坏,引燃绝缘层 4. 短路电弧 5. 静电 6. 雷击 7. 进入车辆未戴阻火器等(一般要禁止驶入) 8. 手机、BP 机火花,焊、割、打磨产生火花等

续表

事故后果	物料跑损、人员伤亡、停产、造成严重经济损失
危险等级	Ⅳ级
危险程度	破坏性的
防范措施	一、控制与消除火源 1. 严禁吸烟、火种和穿带钉皮鞋、不带阻火器车辆进入易燃易爆区 2. 严格执行动火证制度,并加强防范措施 3. 易燃易爆场所一律使用防爆性电气设备 二、严格控制设备及其安装质量 1. 罐、槽、塔、器、泵、阀、压机、冷机、管线质量 2. 压力容器、管道及其仪表要定期检验、检测、试压 3. 对设备、管线、泵、阀、报警器监测仪表定期检、保、修 4. 设备及电气按规范和标准安装,定期检修,保证完好状态 5. 易燃易爆物挥发、散落场所的高温部件须隔热、密闭措施

表 3.8　中毒、窒息事故预先危险分析

潜在事故	中毒、窒息
危险因素	1. 有毒物料(如苯酚、丙酮、甲烷气体等)泄漏 2. 窒息性气体(如酸性气体等) 3. 检修、抢修作业时接触有毒或窒息性物料
触发条件一	1. 生产过程中的主要有毒有害物料如石油、汽油、氢氧化钠、氢氧化钾等发生泄漏 2. 泄漏原因如火灾、爆炸触发事件中故障泄漏和运行泄漏等方面 3. 检修、维修、抢修时,罐、槽、塔、器、管、阀等中的有毒有害物料未彻底清洗干净 4. 窒息性或毒性气体的泄漏量较大,且有积聚 5. 在容器内作业时缺氧
发生条件	1. 有毒物料超过允许浓度 2. 毒物摄入体内 3. 缺氧
触发条件二	1. 毒物及窒息性物质浓度超标 2. 通风不良 3. 缺乏泄漏物料的危险、有害特性及其应急预防方法的知识 4. 不清楚泄漏物料的种类,应急处理不当 5. 在有毒现场无相应的防毒过滤器、面具、空气呼吸器以及其他有关的防护用品 6. 因故未戴防护用品 7. 防护用品选型不当或使用不当 8. 救护不当 9. 在有毒或缺氧、窒息场所作业时无人监护

续表

事故后果	物料跑损、人员中毒窒息
危险等级	Ⅲ级
危险程度	危险的
防范措施	1. 严格控制设备及其安装质量,消除泄漏的可能性 2. 防止易燃、易爆物料的跑、冒、滴、漏 3. 加强管理、严格工艺 4. 安全设施保持齐全、完好等各项相同 5. 严防车辆行驶时撞坏管线、管架桥、其他设备 6. 泄漏后应采取相应措施 ①查明泄漏源点,切断相关阀门,消除泄漏源,及时报告 ②如泄漏量大,应疏散有关人员至安全处 7. 定期检修、维护保养,保持设备完好;检修时,彻底清洗干净并检测有毒有害物质浓度、氧含量,合格后方可作业;作业时,穿戴劳动防护用品,有人监护并有抢救后备措施 8. 要有应急预案,抢救时勿忘正确使用防毒过滤器、氧气呼吸器及其他劳动防护用品

任务3.3　故障类型及影响分析

【任务目的】

1. 熟悉故障类型及影响分析的内涵。

2. 掌握故障类型及影响应用的方法。

【任务描述】

故障类型和影响分析法尤其适用于机器设备故障问题。依据故障的类型一步一步地找出发生故障的原因。本任务介绍故障类型和影响分析的基本原理和使用方法,要求学生掌握此方法的应用。

【知识准备】

3.3.1　基本原理

故障类型和影响分析 FMEA(Failure Model and Effects Analysis)是对系统各组成部分、元件进行分析的重要方法。系统的子系统或元件在运行过程中会发生故障,而且往往可能发生不同类型的故障。不同类型的故障对系统的影响是不同的。这种分析方法首先找出系统中各子系统及元件可能发生的故障及其类型,查明各种类型故障对邻近子系统或元件的影响以及最终对系统的影响,以及提出消除或控制这些影响的措施。故障类型和影响分析是一种系统安全分析归纳方法。

3.3.2 故障类型和影响分析

(1)故障和故障类型

1)故障

元件、子系统、系统在运行时,达不到设计规定的要求,不能完成任务的情况,称为故障。

2)故障类型

系统、子系统或元件发生的每一种故障的形式,称为故障类型。例如,一个阀门故障可以有4种故障类型:内漏、外漏、打不开、关不严。

3)故障等级

根据故障类型对系统或子系统影响程度的不同而划分的等级,称为故障等级。

(2)分析程序

故障类型和影响分析通常包括以下4个方面:

1)掌握和了解对象系统

对故障类型和影响进行分析之前,必须掌握被分析对象系统的有关资料,以确定分析的详细程度,主要包括以下内容:

①了解作为分析对象的系统、装置或设备。

②确定分析系统的物理边界,划清对象系统、装置、设备与子系统、设备的界线,圈定所属的元素(设备、元件)。

③收集元素的最新资料,包括其功能、与其他元素之间的功能关系等。

分析的详细程度取决于被分析系统的规模和层次。例如,选定一座化工厂作为对象系统时,故障类型和影响分析应着眼于组成工厂的各个生产系统,如供料系统、间歇混合系统、氧化系统、产品分离系统及其他辅助系统等,对这些系统的故障类型及其对工厂的影响进行分析。当把某个生产系统作为对象系统时,应对构成该系统的设备的故障类型及其影响进行分析。当以某一台设备为分析对象时,则应对设备的各部件的故障类型及其对设备的影响进行分析。当然,分析各层次故障类型和影响时,最终都要考虑它们对整个工厂的影响。

2)对系统元素的故障类型进行分析

在对系统元素的故障类型进行分析时,要将其看成故障原因产生的结果。首先找出所有可能的故障类型,同时尽可能找出每种故障类型的所有原因,然后确定系统元素的故障类型。故障类型的确定可依据以下两个方面:

①分析对象是已有元素,则可根据以往运行经验或试验情况确定元素的故障类型。

②若分析对象是设计中的新元素,则可参考其他类似元素的故障类型,或者对元素进行可靠性分析来确定元素的故障类型。

一般来说,一个元素至少有4种可能的故障类型:意外运行,运行不准时,停止不及时,运行期间故障。

为了区分故障类型和故障原因,必须明确元素的故障是故障原因对元素功能影响的结果。故障原因可从内部原因和外部原因两个方面来分析。

在分析时，首先把元素进一步分解为若干组成部分，如机械部分、电气部分等，然后研究这些部分的故障类型（内部原因）和这些部分与外界环境之间的功能关系，找出可能的外部原因。一般来说，外部原因主要是元素运行的外部条件方面的问题，同时也包括邻近的其他元素的故障。

3）故障类型的影响

故障类型的影响是指系统正常运行的状态下，详细地分析一个元素各种故障类型对系统的影响。确定元素故障类型的程序如图3.1所示。

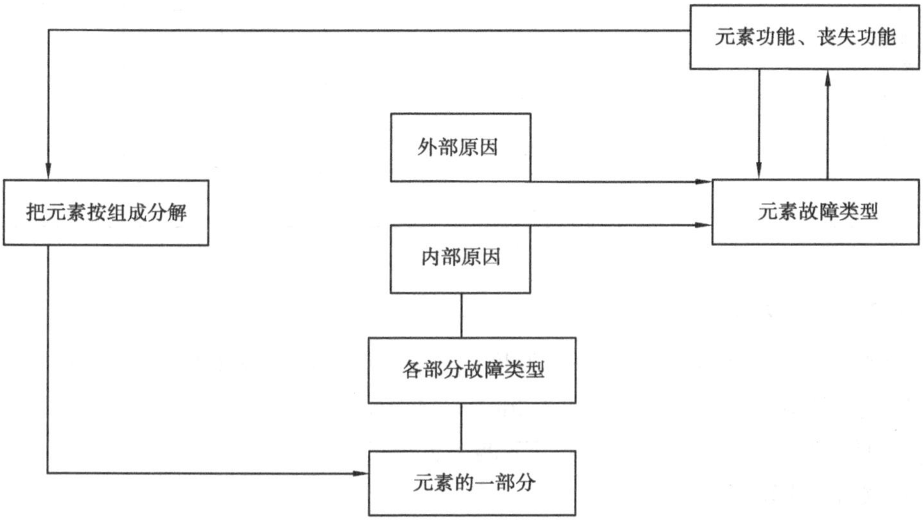

图3.1　确定元素故障类型的程序

分析故障类型的影响，通过研究系统主要的参数及其变化来确定故障类型对系统功能的影响，也可根据故障后果的物理模型或经验来研究故障类型的影响。

故障类型的影响可从下面3种情况来分析：

①元素故障类型对相邻元素的影响。该元素可能是其他元素故障的原因。

②元素故障类型对整个系统的影响。该元素可能是导致重大故障或事故的原因。

③元素故障类型对子系统及周围环境的影响。

4）列出故障类型和影响分析表

根据故障类型和影响分析表，系统、全面和有序地进行分析，最后将分析结果汇总于表中，可以一目了然地显示全部分析内容。根据研究对象和分析的目的，故障类型和影响分析表可设置成多种形式。

（3）一般机电产品、设备常见故障类型分析

对产品、设备、元件的故障类型、产生原因及其影响应及时了解和掌握，才能正确地采取相应措施。若忽略了某些故障类型，这些故障类型可能因为没有采取防止措施而发生事故。例如，美国在研制NASA卫星系统时，仅考虑了旋转天线汇流环开路故障而忽略了短路故障，结果因天线汇流环短路故障使发射失败，造成1亿多美元的损失。

掌握产品、设备、元件的故障类型需要积累大量的实际工作经验，特别是通过故障类型和影响分析来积累经验。一般机电产品、设备常见故障类型见表3.9。

表 3.9　一般机电产品、设备常见故障类型

结构破损	外漏	不能开机	无输入
机械性卡住	超出允许上限	不能关机	无输出
振动	超出允许下限	不能切换	电短路
不能保持在指定位置上	间断运行	提前运行	电开路
不能开启	运行不稳定	滞后运行	漏电
不能关闭	意外运行	输入量过大	其他
误开	错误指示	输入量过小	
误关	流动不畅	输出量过大	
内漏	假运行	输出量过小	

(4)**故障类型和影响、危险度分析**

把故障类型和影响分析从定性分析发展到定量分析，则形成了故障类型和影响、危险度分析 FMECA(Failure Modes Effects and Criticality Analysis)。

故障类型和影响、危险度分析包括以下两个方面的分析：

①故障类型和影响分析。

②危险度分析。

例如，起重机制动装置和钢丝绳的部分故障类型和影响、危险度分析见表 3.10。

表 3.10　起重机的故障类型影响和危险度分析

项　目	构成元素	故障模式	故障影响	危险程度	故障发生概率	处理方法	应急措施
制动装置	电气元件	动作失灵	过卷、坠落	大	10^{-2}	仪表检查	立即检修
	机械部件	变形、摩擦	破裂	中	10^{-4}	观察	及时检修
	制动瓦块	间隙过大	摩擦力小	小	10^{-3}	检查	调整
钢丝绳	股	变形、磨损	断绳	中	10^{-4}	观察	更换
	钢丝	断丝超标	断绳	大	10^{-1}	检查	更换

注：1. 危险程度分为：大，危险；中，临界；小，安全。

2. 应急措施：立即停止作业，及时检修，注意。

3. 发生概率：非常容易发生，1×10^{-1}

容易发生，1×10^{-2}

偶尔发生，1×10^{-3}

不常发生，1×10^{-4}

几乎不发生，1×10^{-5}

很难发生，1×10^{-6}

危险度分析的目的在于评价每种故障类型的危险程度。通常,采用概率——严重度来评价故障类型的危险度。概率是指故障类型发生的概率;严重度是指故障后果的严重程度。采用该方法进行危险度分析时,通常把概率和严重度分别划分为若干等级。例如,美国的杜邦公司把概率划分为6个等级,危险程度划分为3个等级(见表3.10中注)。

【任务实施】

(1)任务准备

讲稿,案例,多媒体教学设备。

(2)任务应用

应用3.5　电机运行系统故障类型和影响分析。

一电机运行系统如图3.2所示。该系统是一种短时运行系统,如果运行时间过长,则可能引起电线过热或者电机过热、短路。对系统中主要元素进行故障类型和影响分析,并将其结果列入表3.11中。

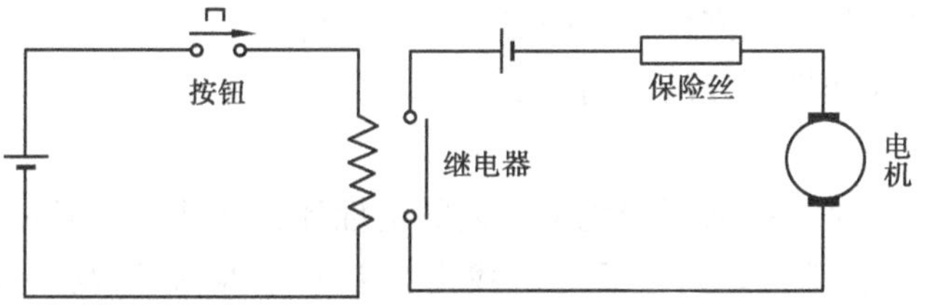

图3.2　电机运行系统示意图

表3.11　电机运行系统故障类型和影响分析

元　素	故障类型	可能原因	对系统影响
按钮	卡住 接点断不开	机械故障 机械故障 人员没有放开按钮	电机不转 电机运转时间过长 短路会烧毁保险丝
继电器	接点不闭合 接点不断开	机械故障 机械故障 经过接点电流过大	电机不转 电机运转时间过长 短路会烧毁保险丝
保险丝	不熔断	质量问题 保险丝过粗	短路时不能断开线路

请同学们分析此故障类型及影响分析表,思考一下有没有遗漏的故障类型,并将遗漏的进行补充说明。

应用3.6　空气压缩机储气罐的故障类型和影响分析。

空气压缩机的储气罐属于压力容器,其功能是储存空气压缩机产生的压缩空气。这里仅考察储罐的罐体和安全阀两个元素的故障类型及其影响,将分析结果列入表3.12中,并完善空缺部分。

表 3.12 储气罐的故障类型和影响分析

故障类型	故障的影响	故障原因	故障的识别	校正措施
轻微漏气	能耗增加	接口不严	漏气噪声、空气机频繁打压	加强维修保养
严重漏气				
破裂				

任务3.4 危险和可操作性研究分析

【任务目标】

1. 熟悉危险和可操作性研究分析的内涵和使用条件。

2. 掌握危险和可操作性研究的使用方法。

【任务描述】

危险可操作性研究是主要适用于化工工艺的定性评价方法。它是以关键词为引导,找出过程中工艺状态的变化(即偏差),然后分析找出偏差的原因、后果及可采取的对策。本任务将使学生掌握此方法的应用。

【知识准备】

3.4.1 基本原理

危险与可操作性分析(Hazard and Operability Study)又称 HAZOP,是英国帝国化学工业公司(ICI)蒙德分部于 20 世纪 60 年代发展起来的以引导词(Guide Words)为核心的系统危险分析方法,已有 40 余年应用历史。

它是一种定性的安全评价方法。它的基本过程是以关键词为引导,找出过程中工艺状态的变化(即偏差),然后分析找出偏差的原因、后果及可采取的对策。

危险和可操作性研究技术是基于这样一种原理,即背景各异的专家们如若在一起工作,就能够在创造性、系统性和风格上互相影响和启发,能发现和鉴别更多的问题,要比他们独立工作并分别提供工作结果更为有效。虽然,危险和可操作性研究技术起初是专门为评价新设计和新工艺而开发的技术。但是,这一技术同样可用于整个工程、系统项目生命周期的各个阶段。

3.4.2 危险和可操作性研究分析

(1)基本概念和术语

具体引导词及含义见表 3.13。

表 3.13　HAZOP 分析引导词及其含义

引导词	含　义
空白	设计或操作要求的指标和事件完全不发生,如无流量
低(少)	同标准值相比,数值偏大,如温度、压力
高(多)	同标准值相比,数值偏小,如温度、压力值偏低
部分	在完成既定的功能的同时,伴随多余时间发生
伴随	只完成既定功能的一部分,如组分的比例发生变化
相逆	出现和设计要求完全相反的事或物,如流体反向流动
异常	出现和设计要求不相同的事或物

(2)HZAOP **法的适用范围**

①HAZOP 分析即适用于设计阶段,又适用于现有的生产装置(全寿命周期概念,每两年进行一次)。

②HAZOP 分析可应用于连续的化工过程,也可应用于间歇的化工过程。

(3)HAZOP **分析所需资料及编制**

1)基本资料

带控制点工艺流程图、现有流程图、装置布置图、操作规程、仪表控制图、逻辑图、计算机程序、工厂操作规程、设备制造手册。

2)分析及编制记录

分析及编制记录见表 3.14。

表 3.14　HAZOP 可操作性分析记录

<table>
<tr><td colspan="2">安全评价组可操作性研究</td><td colspan="2">车间/工段:____车间______工段
系统:
任务:</td><td>日期:________
代号:________
页码:________
设计者:_______
审核者:_______</td></tr>
<tr><td>关键词</td><td>偏　差</td><td>原　因</td><td>结　果</td><td>措　施</td></tr>
<tr><td></td><td></td><td></td><td></td><td></td></tr>
</table>

【任务实施】

(1)任务准备

讲稿,案例,多媒体教学设备。

(2)任务应用

应用3.7 磷酸和氨混合,制备磷酸二氢铵的连续生产流程如图3.3所示。如果反应完全,将生成没有危险的产品磷酸二氢铵。如果磷酸的比例减少,反应将不完全,会有氨放出。如果减少氨加入量,过程将会是安全的,但产品却不理想。将制备磷酸氢二铵的过程进行“可操作性研究”分析。

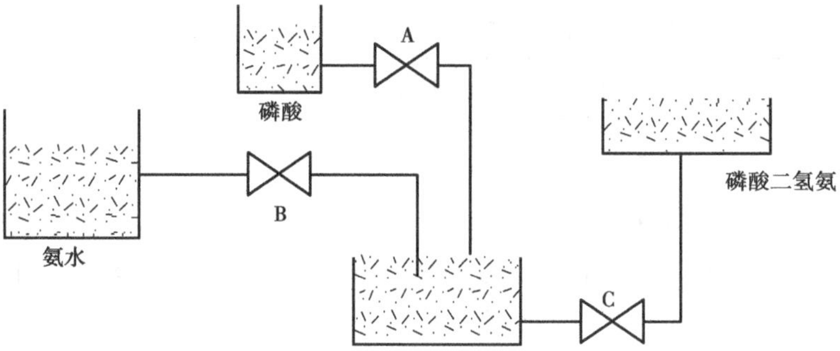

图3.3 磷酸二氢铵制备流程图

假定磷酸和氨水自高位槽中靠重力流入反应器,反应器为常压操作。因为是一个连续过程,可取磷酸槽出口管路作为对象。

由此得出可操作性研究分析的结果,见表3.15。

表3.15 磷酸制备过程危险和可操作性分析结果

关键词	偏 差	原 因	结 果	措 施
空白	流量为零	• 阀A故障关闭 • 磷酸供应中断(无料) • 管道堵塞或破裂	反应器内有过量的氨,氨散发到操作环境中	磷酸流量减少时自动关闭阀B
减量				
过量				
部分	磷酸浓度降低	• 厂商发料错误 • 添加磷酸时发生错误	同“减量”	磷酸罐内加料后增加磷酸浓度检验分析
伴随	硫酸浓度提高	不可能,因采用最高浓度		
相逆	倒流	不可能		

续表

关键词	偏　差	原　因	结　果	措　施
异常	磷酸管中有其他物料代替了磷酸	• 厂商发料错误 • 厂内仓库发生错误	依替代物的性质而有变化，根据现场可能得到的其他物料（如外观、包装相似），分析其潜在后果	往磷酸罐内加料前，对物料进行检验

请同学们完善表 3.15，如减量和过量的偏差、原因、结果和措施。

任务 3.5　作业条件危险性评价法

【任务目标】

1. 熟悉作业条件危险评价法的内涵和基本原理。
2. 掌握作业条件危险评价法的使用方法。

【任务描述】

作业条件危险性评价法主要用于评价操作人员在具有潜在危险性环境中作业时的危险性、危害性。本任务介绍该种方法的基本原理和使用方法，要求学生掌握该方法的使用。

【知识准备】

3.5.1　基本原理

LEC 法简称 LEC（作业条件危险分析法），由美国安全专家 K. J. 格雷厄姆和 K. F. 金尼提出，是对具有潜在危险性作业环境中的危险源进行半定量的安全评价方法，用于评价操作人员在具有潜在危险性环境中作业时的危险性、危害性。

该方法用与系统风险有关的 3 种因素指标值的乘积来评价操作人员伤亡风险大小，这 3 种因素分别是：L（likelihood，事故发生的可能性）；E（exposure，人员暴露于危险环境中的频繁程度）；C（consequence，一旦发生事故可能造成的后果）。

3.5.2　方法介绍

采用作业条件危险性评价法，影响作业条件危险性的因素是 L（事故发生的可能性）、E（人员暴露于危险环境的频繁程度）和 C（一旦发生事故可能造成的后果）。其函数式为

$$D = LEC$$

式中　D——危险总分值；

L——反映事故或危险事件发生可能性的分值；

E——反映暴露于危险环境频率的分值；

C——反映事故严重程度的分值。

L,E,C 根据矿井实际情况分别对照表 3.16—表 3.18 取值，计算出 D 值后按表 3.19 判定。

表 3.16　事故发生可能性分值 L

事故发生可能性	实际上不可能	极不可能	可以设想，但高度不可能	完全意外很少可能	不经常但可能	相当可能	完全会被预料到
分数值	0.1	0.2	0.5	1	3	6	10

表 3.17　暴露于危险环境的频繁程度分值 E

暴露于危险环境的频繁程度	非常罕见地暴露	每年几次暴露	每月一次暴露	每周一次或偶然暴露	每天工作时间内暴露	连续暴露
分数值	0.5	1	2	3	6	10

表 3.18　事故造成的后果分值 C

事故造成的后果	轻伤需救护	有伤残	严重伤残	1 人死亡	数人死亡	10 人以上死亡
分数值	1	3	7	15	40	100

表 3.19　危险性等级划分标准 D

危险程度	安全的	稍有危险	显著危险	高度危险	极其危险
危险分值 D	<20	$\geqslant 20 \sim 70$	$\geqslant 70 \sim 160$	$\geqslant 160 \sim 320$	$\geqslant 320$

【任务实施】

(1) **任务准备**

讲稿，案例，多媒体教学设备。

(2) **任务应用**

应用 3.8　表 3.20 是一个使用 LEC 法进行评价的案例。阅读后，结合专业所依托的行业编制一个作业条件评价表。

表3.20　高出焊接作业条件危险分析法

序号	作业场地或类别	作业活动	危险因素	可能导致的事故	风险评价(LEC法)				等级	现有安全措施
					L	E	C	D		
1	某施工场地	高处电焊作业	未穿工作服	其他伤害（灼烫）	6	3	3	54	稍有危险	
2			未戴绝缘手套	触电	6	3	3	54	稍有危险	
3			未系安全带	高处坠落	6	3	7	126	显著危险	
4			未戴安全帽	碰伤	6	3	7	126	显著危险	
5			无工作平台	高处坠落	6	3	7	126	显著危险	
6			焊接时产生有毒气体、粉尘未戴口罩	尘肺病、锰中毒	3	3	3	27	稍有危险	
7			电焊火花	火灾、烫伤	6	3	7	126	显著危险	

任务3.6　因果分析法(鱼刺图)

【任务目标】

1. 熟悉因果分析法(鱼刺图)的内涵。
2. 掌握作业条件危险评价法的使用方法。

【任务描述】

鱼刺图作为因果分析的方法具有一定的用途,可用在战略分析、问题整理等方面。由于使用鱼刺图可很好地分析安全事故发生的原因,因此,在安全系统分析时,可引入鱼刺图进行辅助分析。本任务主要介绍鱼刺图的画法和应用。

【知识准备】

3.6.1　鱼刺图的定义

1953年,日本管理大师石川馨先生所提出的一种把握结果(特性)与原因(影响特性的要因)的极方便而有效的方法,故名“石川图”。

因其形状很像鱼刺,是一种发现问题“根本原因”的方法。它是一种透过现象看本质的分析方法,也称“鱼刺图”。

问题的特性总是受到一些因素的影响,通过头脑风暴法找出这些因素,并将它们与特性值一起。按相互关联性整理而成的层次分明、条理清楚,并标出重要因素的图形,则称为“特性要因图”“因果图”。

3.6.2 鱼刺图的用法、类型与结构

(1)鱼刺图的用法

鱼刺图是一个非定量的工具,可帮助人们找出引起问题潜在的根本原因。它使我们问自己:问题为什么会发生?使项目小组聚焦于问题的原因,而不是问题的症状。能够集中于问题的实质内容,而不是问题的历史或不同的个人观点。以团队努力,聚集并攻克复杂难题。辨识导致问题或情况的所有原因,并从中找到根本原因。分析导致问题的各原因之间相互的关系。采取补救措施,正确行动。

鱼刺图在使用时通常采用头脑风暴研讨会的形式。头脑风暴研讨会具体注意事项如下:

①主张独立思考,各抒己见。

②鼓励巧妙地利用和改善他人的设想。

禁止批评和评论,提倡自由发言,任意思考,知无不言,言无不尽。

③与会人员一律平等,各种设想全部记录。

④不强调个人成绩,以小组的整体利益为重,创造民主环境。

⑤不阻碍个人新观点的产生,激发个人追求更多更好的主意。

让所有成员表达心声,应尽可能多而全地找出所有可能原因,而不仅限于自己能完全掌控或正在执行的内容。对人的原因,宜从行动而非思想态度面着手分析。

目标集中,追求设想数量,越多越好。

(2)鱼刺图的类型

1)整理问题型

各要素与特性值间不存在原因关系,而是结构构成关系。

2)原因型

鱼头在右,特性值通常以“为什么……”来写。

3)对策型

鱼头在左,特性值通常以“如何提高/改善……”来写。

(3)鱼刺图的结构

基本结构如图 3.4 所示。

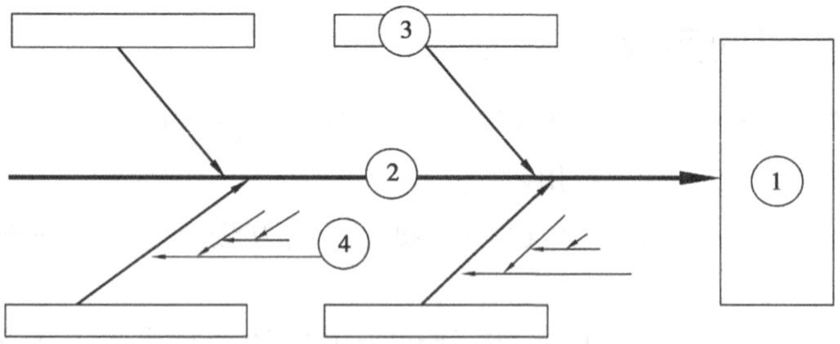

图 3.4 鱼刺图基本结构图

画图时,注意相邻箭头之间的夹角(锐角)为 60°。

(4)**鱼刺图分析法的步骤**

1)决定问题的特性

简单地说,特性就是“工作的结果”。具体形式如图3.5所示。

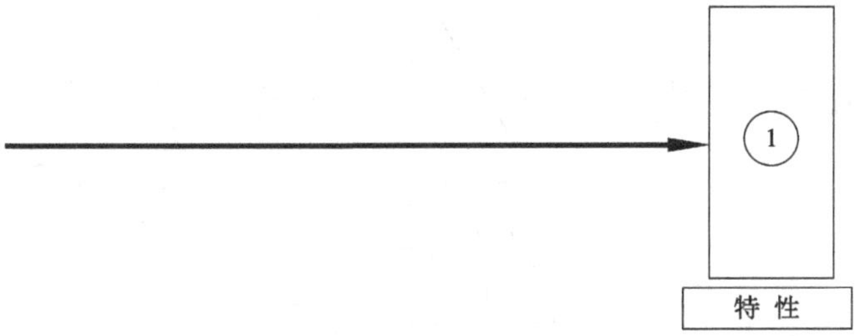

图3.5　鱼刺图特性示意图

2)特性和主骨

特性写在右端,用四方框圈起来。主骨用粗线画,加箭头标志。具体如图3.6所示。

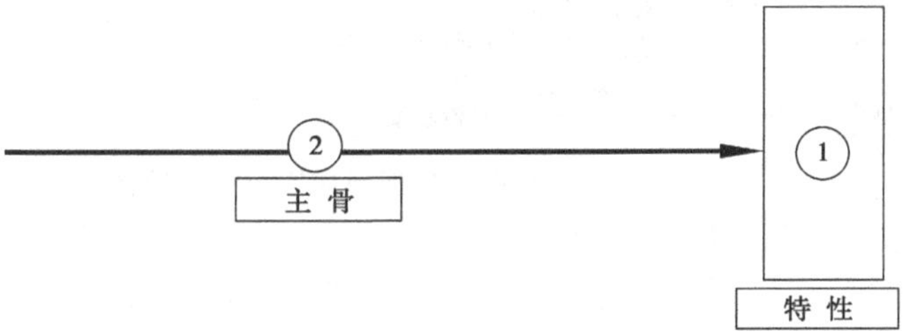

图3.6　鱼刺图特性和主骨示意图

3)大骨和要因

大骨上分类书写3~6个要因,用四方框圈起来。具体如图3.7所示。

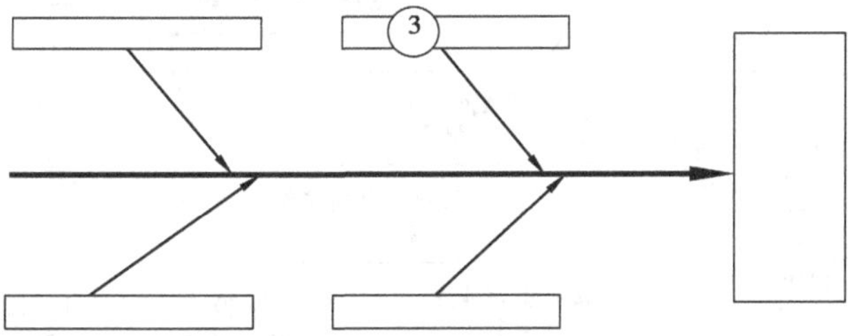

图3.7　大骨和要因示意图

4)中骨、小骨、孙骨

中骨是事实。小骨要围绕中骨来写。孙骨要更进一步来追查,围绕小骨来写。具体结构如图3.8所示。

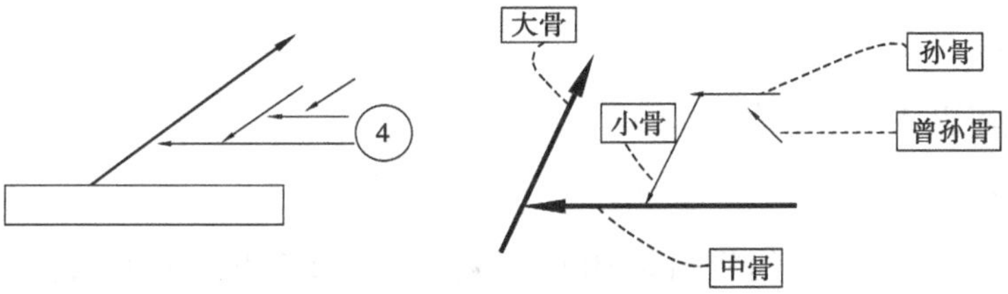

图3.8　中骨、小骨、孙骨示意图

将上面内容逐步完善后,写入鱼刺图中,并制作成完整的鱼刺图。

3.6.3 鱼刺图分析举例

①刹车导管长度不良形成的鱼刺图分析过程如图 3.9 所示。

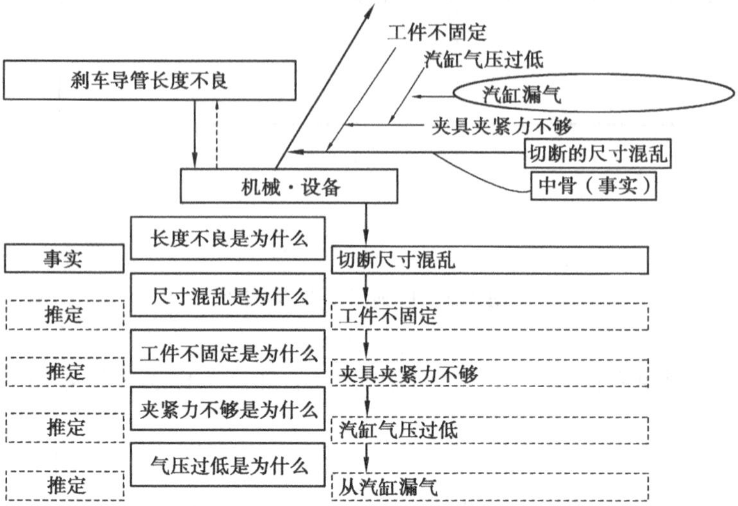

图 3.9　刹车导管长度不良形成原因分析思路图

②某建筑坍塌事故鱼刺图如图 3.10 所示。

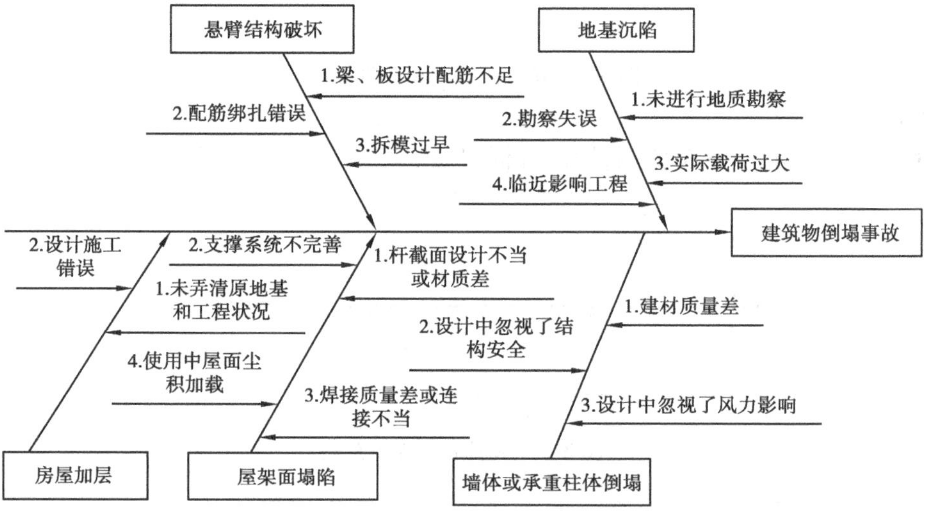

图 3.10　某建筑坍塌事故鱼刺图

【任务实施】

(1) **任务准备**

讲稿,案例,多媒体教学设备。

(2) **任务应用**

应用 3.9　对学生进行分组将图 3.10 的鱼刺图进一步分析和细化,讨论细化后内容的合理性。

应用 3.10　请自行编制一个建筑高处坠落鱼刺图,让学生分组讨论,并进行分析。

教学情境 4

安全系统分析可定量分析法

【情境描述】

前面介绍了事故树的定性分析方法，定性分析法虽然比较直观，易于操作，但是存在不能将问题定量化、主观性强、精度不够等缺点。本情境主要介绍事故树的定性定量结合分析法，重点介绍事件树定性定量分析，要求学生掌握简单的定性定量分析结合的方法。

任务 4.1　事件树分析法

【任务目标】

1. 熟悉事件树的内涵和分析步骤。

2. 掌握事件树的实际应用。

【任务描述】

事件树分析是从一个初始事件开始，按顺序分析事件向前发展中各个环节成功与失败的过程和结果。它适用于很多工艺系统，运用这种方法可清楚地了解事故或故障的发展过程，以及如何避免系统失败或事故发生。本任务要求学生能够使用事件树分析实际问题。

【知识准备】

4.1.1　分析原理

事件树分析（Event Tree Analysis，ETA）是从一个初始事件开始，按顺序分析事件向前发展中各个环节成功与失败的过程和结果。任何一个事故都是由多环节事件发展变化形成的。在事件发展过程中，出现的环节事件可能有两种情况，或者成功或者失败。如果这些环节事件都失败或部分失败，就会导致事故发生。

事件树分析是由决策树演化而来的，最初是用于可靠性分析。它的原理是每个系统都是由若干个元件组成的，每一个元件对规定的功能都存在具有和不具有两种可能。元件具有其规定的功能,表明正常(成功);不具有规定功能,表明失效(失败)。按照系统的构成顺序,从初始元件开始,由左向右分析各元件成功与失败两种可能,直到最后一个元件为止。分析的过程用图形表示出来,就得到近似水平的树形图。

通过事件树分析,可将事故发生发展的过程直观地展现出来。如果在事件(隐患)发展的不同阶段采取恰当措施阻断其向前发展,就可达到预防事故的目的。

4.1.2 分析步骤

(1)确定初始事件

初始事件是事件树中在一定条件下造成事故后果的最初原因事件。它可以是系统故障、设备失效、人员误操作或工艺过程异常等。一般是选择分析人员最感兴趣的异常事件作为初始事件。

(2)找出与初始事件有关的环节事件

所谓环节事件,就是出现在初始事件后一系列可能造成事故后果的其他原因事件。

(3)画事件树

把初始事件写在最左边,各个环节事件按顺序写在右面;从初始事件画一条水平线到第一个环节事件,在水平线末端画一垂直线段,垂直线段上端表示成功,下端表示失败;再从垂直线两端分别向右画水平线到下个环节事件,同样用垂直线段表示成功和失败两种状态;以此类推,直到最后一个环节事件为止。如果某一个环节事件不需要往下分析,则水平线延伸下去,不发生分支,如此便得到事件树。

(4)说明分析结果

在事件树最后面写明由初始事件引起的各种事故结果或后果。为清楚起见,对事件树的初始时间和各环节事件用不同字母加以标记。

4.1.3 应用举例

(1)一个串联的物料输送系统(见图 4.1)

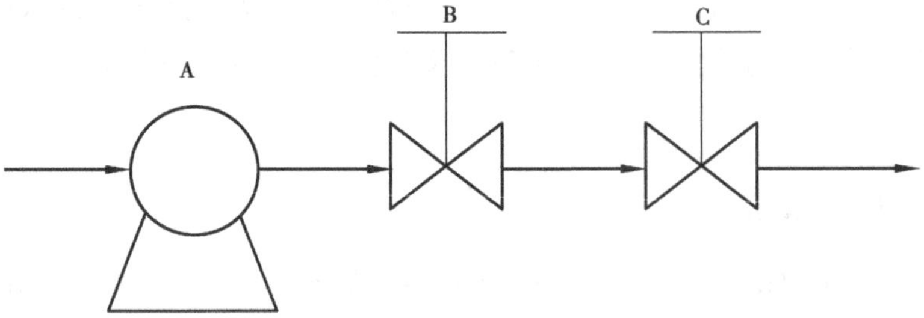

图 4.1 串联系统物料输送图

依据上述物料输送系统,编制的事件树如图 4.2 所示。

(2)一并联的物料输送系统(见图 4.3)

依据上述物料输送系统,编制的事件树如图 4.4 所示。

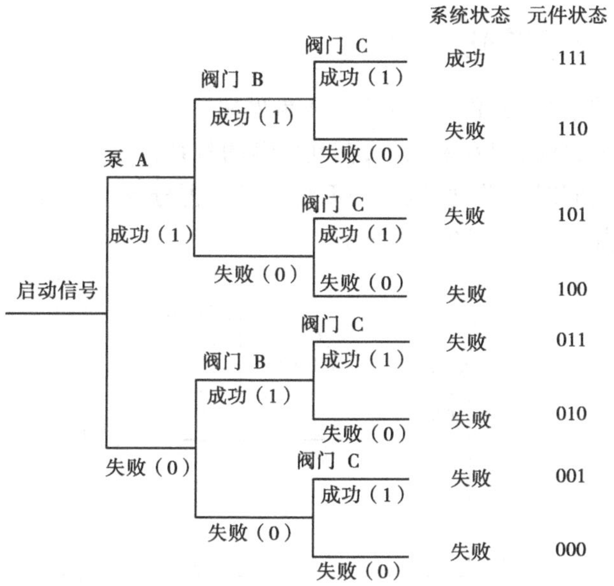

图 4.2　串联系统物料输送图

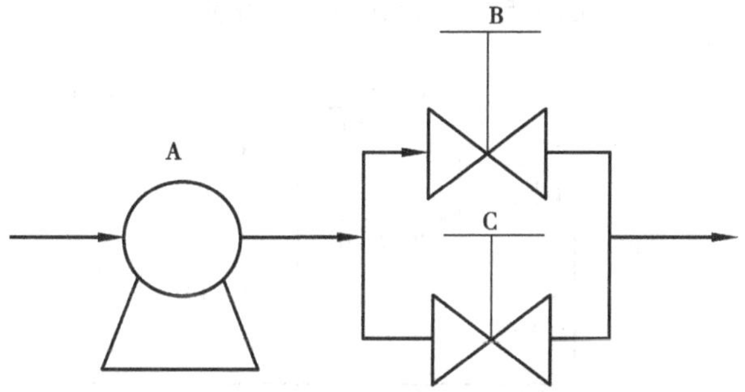

图 4.3　并联系统物料输送系统图

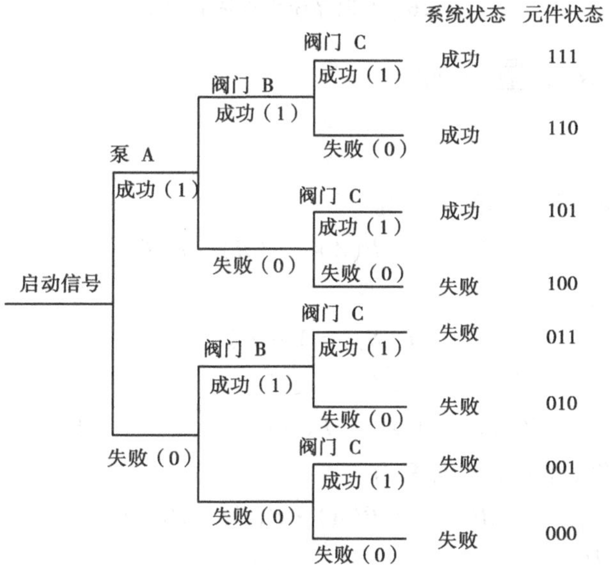

图 4.4　并联系统物料输送系统图事件树

4.1.4 事件树的简化

①失败概率极低的系统(元件)可以不列入事件树中。

②当系统已经失败,从物理效果来看,在其后继的各系统不可能减缓后果时,或后继系统已因前置系统的失败而同时失败,则以后的系统就不必再分支。现分别对图 4.2 和图 4.4 进行事件树化简。具体如图 4.5 和图 4.6 所示。

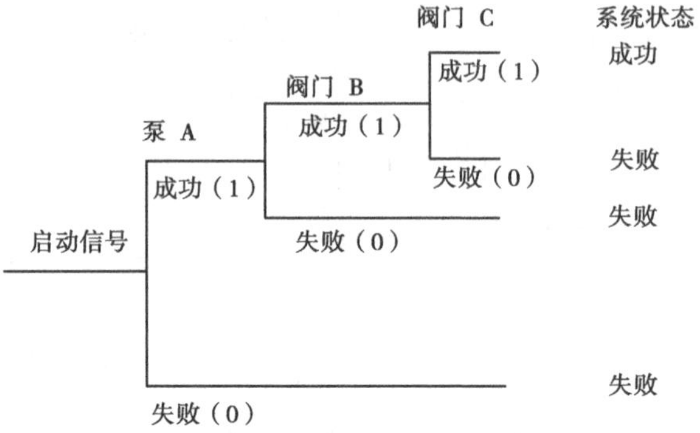

图 4.5 串联系统事故树化简图

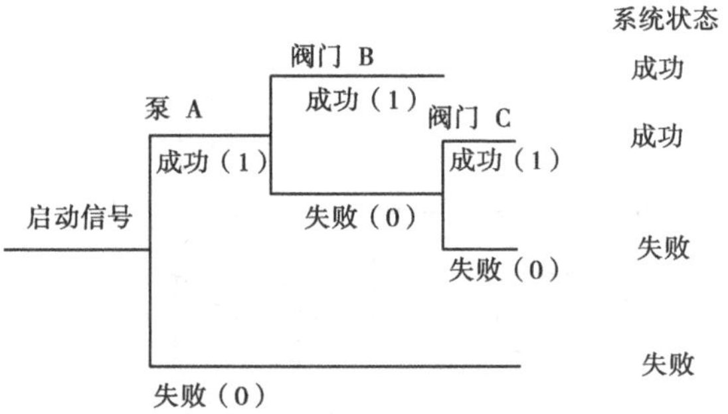

图 4.6 并联系统事件树简化图

4.1.5 事件树定量分析

(1)**串联系统计算**

串联系统的可靠度,即成功的概率为

$$P(S) = P(A) \cdot P(B) \cdot P(C)$$

系统失败的概率为

$$F(S) = 1 - P(S)$$

若已知

$$P(A) = 0.95, \quad P(B) = P(C) = 0.9$$

串联系统的可靠度,即成功的概率为

$$P(S) = P(A) \cdot P(B) \cdot P(C)$$

系统失败的概率为

$$F(S) = 1 - P(S)$$

若已知

$$P(A)=0.95,\quad P(B)=P(C)=0.9$$

代入上式,得

$$P(S)=0.95\times0.9\times0.9=0.769\ 5$$
$$F(S)=1-0.769\ 5=0.230\ 5$$

(2) **并联系统计算**

并联系统的可靠度,即成功的概率为

$$P(S)=P(A)\cdot P(B)+P(A)\cdot[1-P(B)]\cdot P(C)$$

系统失败的概率为

$$F(S)=1-P(S)$$

若已知

$$P(A)=0.95,\quad P(B)=P(C)=0.9$$

并联系统的可靠度,即成功的概率为

$$P(S)=P(A)\cdot P(B)+P(A)\cdot[1-P(B)]\cdot P(C)$$

系统失败的概率为

$$F(S)=1-P(S)$$

若已知

$$P(A)=0.95,\quad P(B)=P(C)=0.9$$

代入上式,得

$$P(S)=0.95\times0.9+0.95\times[1-0.9]\times0.9=0.940\ 5$$
$$F(S)=1-P(S)=1-0.940\ 5=0.059\ 5$$

(3) **串联和并联系统的可靠度比较**

由上面串联和并联系统的可靠度计算结果可以看出,并联系统的可靠度比串联系统的可靠度提高了1.2倍,即

$$\frac{0.940\ 5}{0.769\ 5}=1.2$$

【任务实施】

(1) **任务准备**

课件,案例,多媒体教学设备。

(2) **任务实施**

应用4.1　物料输送系统如图4.7所示,请画出对应事件树。

应用4.2　行人过马路事件树建造。

就某一段马路而言,可能有车来往,也可能无车通行。当无车时过马路,当然会顺利通过;若有车,则看你是在车前通过还是在车后通过。若在车后通过,当然也顺利通过;若在车前过,则看你是否有充足的时间。如果有,则不会出现车祸,但却很冒险;如果没有充足时间,则看司机是否采取紧急制动措施或避让措施。若没有采取,则必然发生撞人事故,导致人员

伤亡;若采取措施,则取决于制动或避让是否凑效。凑效,则人幸免于难;失败,则必然造成人员伤亡。

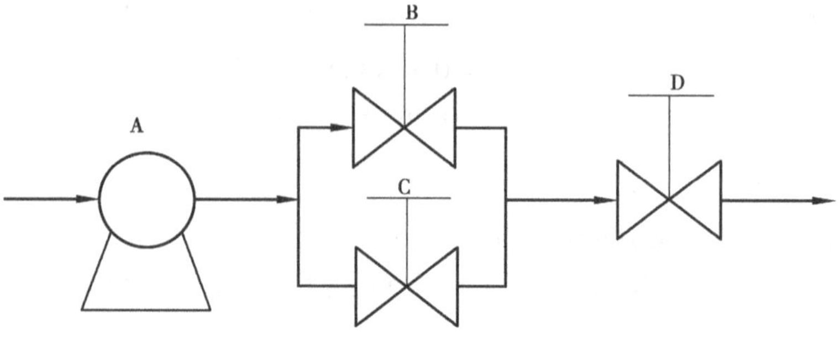

图 4.7　某物料运输系统图

请根据以上情况建造事件树。

应用 4.3　氧化反应釜缺少冷却水事件树分析。

以氧化反应釜缺少冷却水事件为初始事件,相关的安全功能有以下 3 种:

①当温度达到 T_1 时,高温报警器提醒操作者。

②操作者增加供给反应釜冷却水量。

③当温度达到 T_2 时,自动停车系统停止氧化反应。

请根据上述情况编写事件树。

任务 4.2　事故树分析

【任务目的】

1. 熟悉事故树的基本原理。
2. 掌握事故树最小割集、最小径集的概念和意义。
3. 掌握事故树布尔代数展开式的化简方法。
4. 掌握等效事故树、成功树的概念和内涵。
5. 掌握顶事件概率的计算方法。
6. 熟悉结构重要度、概率重要度和临界重要度的概念和计算方法。

【任务描述】

事故树分析法是安全系统分析最重要的分析方法。它把系统可能发生的某种事故与导致事故发生的各种原因之间的逻辑关系用一种称为事故树的树形图表示,可清楚地看出事故发生过程及各种原因。事故树分析法可做定性分析,也可做定量分析,可非常全面地分析出事故的原因、概率等内容,可有效地指导事故预防工作。

4.2.1　基本原理

事故树分析(Fault Tree Analysis, FTA)是安全系统工程中常用的一种分析方法。1961 年,美国贝尔电话研究所的维森(H. A. Watson)首创了 FTA 并应用于研究民兵式导弹发射控制系统的安全性评价中,用它来预测导弹发射的随机故障概率。接着,美国波音飞机公司的哈斯尔(Hassle)等人对这个方法又作了重大改进,并采用电子计算机进行辅助分析和计算。1974 年,美国原子能委员会应用 FTA 对商用核电站进行了风险评价,发表了拉斯姆逊报告(Rasmussen Report),引起世界各国的关注。目前,事故树分析法已从宇航、核工业进入一般电子、电力、化工、机械及交通等领域,它可进行故障诊断、分析系统的薄弱环节,指导系统的安全运行和维修,实现系统的优化设计。

4.2.2　事故树分析法

(1)事故树的特点

事故树分析(FTA)是一种演绎推理法。这种方法把系统可能发生的某种事故与导致事故发生的各种原因之间的逻辑关系用一种称为事故树的树形图表示,通过对事故树的定性与定量分析,找出事故发生的主要原因,为确定安全对策提供可靠依据,以达到预测与预防事故发生的目的。FTA 法具有以下特点:

①事故树分析是一种图形演绎方法,是事故事件在一定条件下的逻辑推理方法。它可围绕某特定的事故作层层深入的分析,因而在清晰的事故树图形下,表达系统内各事件间的内在联系,并指出单元故障与系统事故之间的逻辑关系,便于找出系统的薄弱环节。

②FTA 具有很大的灵活性,不仅可分析某些单元故障对系统的影响,还可对导致系统事故的特殊原因(如人为因素、环境影响)进行分析。

③进行 FTA 的过程,是一个对系统更深入认识的过程,它要求分析人员把握系统内各要素间的内在联系,弄清各种潜在因素对事故发生影响的途径和程度,因而许多问题在分析的过程中就被发现和解决了,从而提高了系统的安全性。

④利用事故树模型可定量计算复杂系统发生事故的概率,为改善和评价系统安全性提供了定量依据。

事故树分析还存在许多不足之处,主要是:FTA 需要花费大量的人力、物力和时间;FTA 的难度较大,建树过程复杂,需要经验丰富的技术人员参加,即使这样,也难免发生遗漏和错误;FTA 只考虑(0,1)状态的事件,而大部分系统存在局部正常、局部故障的状态,因而建立数学模型时,会产生较大误差;FTA 虽然可考虑人的因素,但人的失误很难量化。

(2)事故树的编制

①确定事故树的顶事件。确定顶事件是指确定所要分析的对象事件。根据事故调查报告,分析其损失大小和事故频率,选择易于发生且后果严重的事故作为事故的顶事件。

②调查与顶事件有关的所有原因事件。从人、机、环境及信息等方面,调查与事故树顶事件有关的所有事故原因,确定事故原因并进行影响分析。

③编制事故树。采用一些规定的符号,按照一定的逻辑关系,把事故树顶事件与引起顶事件的原因事件,绘制成反映因果关系的树形图。

4.2.3　事故树的符号及其意义

事故树采用的符号包括事件符号、逻辑门符号和转移符号 3 大类。

(1)事件及事件符号

在事故树分析中,各种非正常状态或不正常情况皆称事故事件;各种完好状态或正常情况,皆称成功事件。两者均简称为事件。事故树中的每一个节点都表示一个事件。

1)结果事件

结果事件是由其他事件或事件组合所导致的事件。它总是位于某个逻辑门的输出端。用矩形符号表示结果事件,如图 4.8(a)所示。结果事件分为顶事件和中间事件。

①顶事件

顶事件是事故树分析中所关心的结果事件,位于事故树的顶端,总是所讨论事故树中逻辑门的输出事件而不是输入事件,即系统可能发生的或实际已经发生的事故结果。

②中间事件

中间事件是位于事故树顶事件和底事件之间的结果事件。它既是某个逻辑门的输出事件,又是其他逻辑门的输入事件。

2)底事件

底事件是导致其他事件的原因事件,位于事故树的底部,它总是某个逻辑门的输入事件而不是输出事件。底事件又分为基本原因事件和省略事件。

①基本原因事件

它表示导致顶事件发生的最基本的或不能再向下分析的原因或缺陷事件,用图 4.8(b)中的圆形符号表示。

②省略事件

它表示没有必要进一步向下分析或其原因不明确的原因事件。另外,省略事件还表示二次事件,即不是本系统的原因事件,而是来自系统之外的原因事件,用图 4.8(c)中的菱形符号表示。

3)特殊事件

特殊事件是指在事故树分析中需要表明其特殊性或引起注意的事件。特殊事件又分为开关事件和条件事件。

①开关事件

开关事件又称正常事件,是在正常工作条件下必然发生或必然不发生的事件,用图 4.8(d)中的房形符号表示。

②条件事件

条件事件是限制逻辑门开启的事件,用图 4.8(e)中的椭圆形符号表示。

图 4.8 事件符号

(2)逻辑门及其符号

逻辑门是连接各事件并表示其逻辑关系的符号。

1)与门

与门可以连接数个输入事件 $E_1,E_2,\cdots,E_n$ 和一个输出事件 E,表示仅当所有输入事件都发生时,输出事件 E 才发生的逻辑关系。与门符号如图 4.9(a)所示。

2)或门

或门可以连接数个输入事件 $E_1,E_2,\cdots,E_n$ 和一个输出事件 E,表示至少一个输入事件发生时,输出事件 E 就发生。或门符号如图 4.9(b)所示。

3)非门

非门表示输出事件是输入事件的对立事件。非门符号如图 4.9(c)所示。

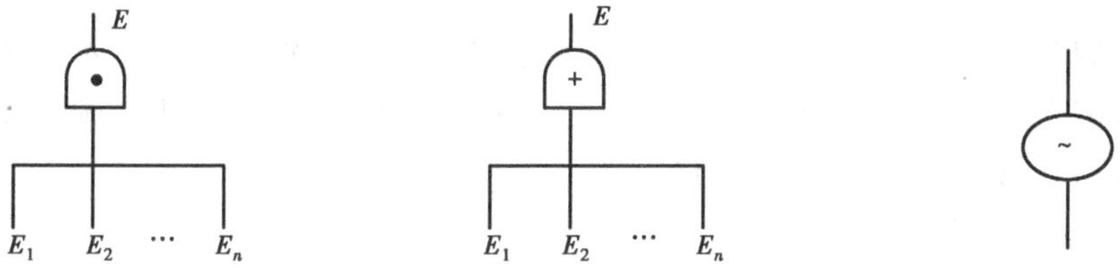

(a)与门　(b)或门　(c)非门

图 4.9　逻辑门符号

4)特殊门

①表决门

表决门表示仅当输入事件有 $m(m\leqslant n)$ 个或 m 个以上事件同时发生时,输出事件才发生。表决门符号如图 4.10(a)所示。显然,或门和与门都是表决门的特例。或门是 $m=1$ 时的表决门;与门是 $m=n$ 时的表决门。

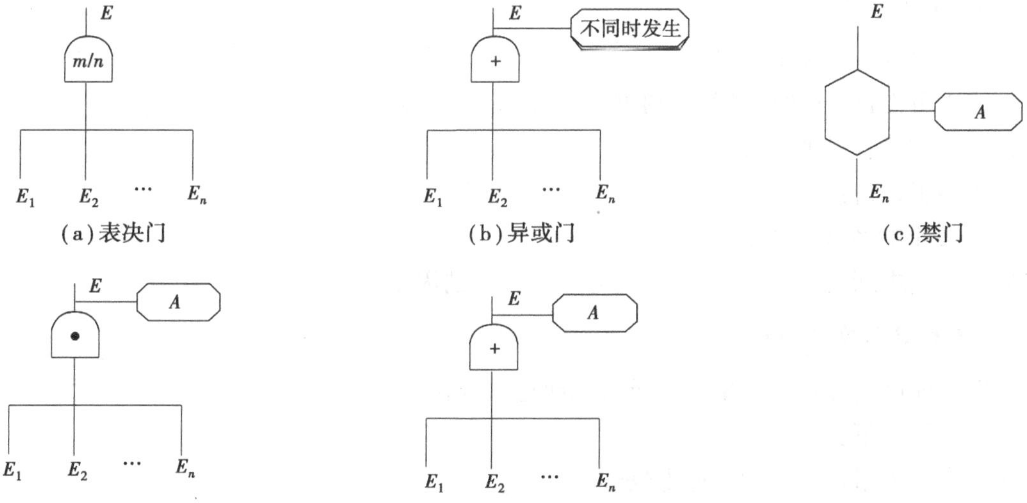

(a)表决门　(b)异或门　(c)禁门

(d)条件与门　(e)条件或门

图 4.10　特殊门符号

②异或门

异或门表示仅当单个输入事件发生时,输出事件才发生。异或门符号如图 4.10(b)所示。

③禁门

禁门表示仅当条件事件发生时,输入事件的发生方导致输出事件的发生。禁门符号如图

4.10(c)所示。

④条件与门

条件与门表示输入事件不仅同时发生,而且还必须满足条件 A,才会有输出事件发生。条件与门符号如图 4.10(d)所示。

⑤条件或门

条件或门表示输入事件中至少有一个发生,在满足条件 A 的情况下,输出事件才发生。条件或门符号如图 4.10(e)所示。

(3)转移符号

转移符号如图 4.11 所示。转移符号的作用是表示部分事故树图的转入和转出。当事故树规模很大或整个事故树中多处包含有相同的部分树图时,为了简化整个树图,便可用转入(见图 4.11(a))和转出符号(见图 4.11(b))。

图 4.11　转移符号

4.2.4　事故树建造方法

(1)选好顶上事件

1)对安全构成威胁的事件

造成人员伤亡,导致设备财产的重大损失(火灾、爆炸、中毒、严重污染等)。

2)妨碍完成任务的事件

系统停工,或丧失大部分功能。

3)严重影响经济效益的事件

通信线路中断、交通停顿等妨碍提高直接收益的因素。

(2)逐级进行事故树建造

以对油库静电爆炸进行事故分析为例建造事故树。

具体步骤如下:

①确定顶上事件——油库静电爆炸。

②调查爆炸的直接原因事件、事件的性质和逻辑关系。直接原因事件:“静电火花”和“油气达到可燃浓度”。这两个事件不仅要同时发生,而且必须在“油气浓度达到爆炸极限”时,爆炸事件才会发生,故用条件与门连接。

③静电火花的直接原因:油库静电放电和人体静电放电。其中有一个发生,则静电火花事件就会发生,故用或门连接。

④油气达到可燃浓度的直接原因:油气存在和库区内通风不良。前者是一个正常状态下

的正常功能事件，故用房形符号。后者为基本事件，两者只有同时发生，油气达到可燃浓度事件才能发生，故用与门连接。

⑤油库静电放电的直接原因：静电积累和接触不良两者是与门关系。

⑥人体静电放电的直接原因：化纤品与人体摩擦和作业中与导体接近，两者是与门关系。

⑦静电积累的直接原因：油液流速高、管道内碧粗糙、高速抽水、油液冲击金属容器、飞溅油液与空气摩擦、油面有金属漂浮物和测量操作失误。其中有一个发生，就会发生静电积累，故用或门连接。

⑧接地不良的直接原因：未设防静电接地装置、接地电阻不符合要求和接地线损坏，三者为或门关系。

⑨测量操作失误的直接原因：器具不符合标准和静置时间不够，两者为或门关系。

油库静电爆炸事故树图如图4.12所示。

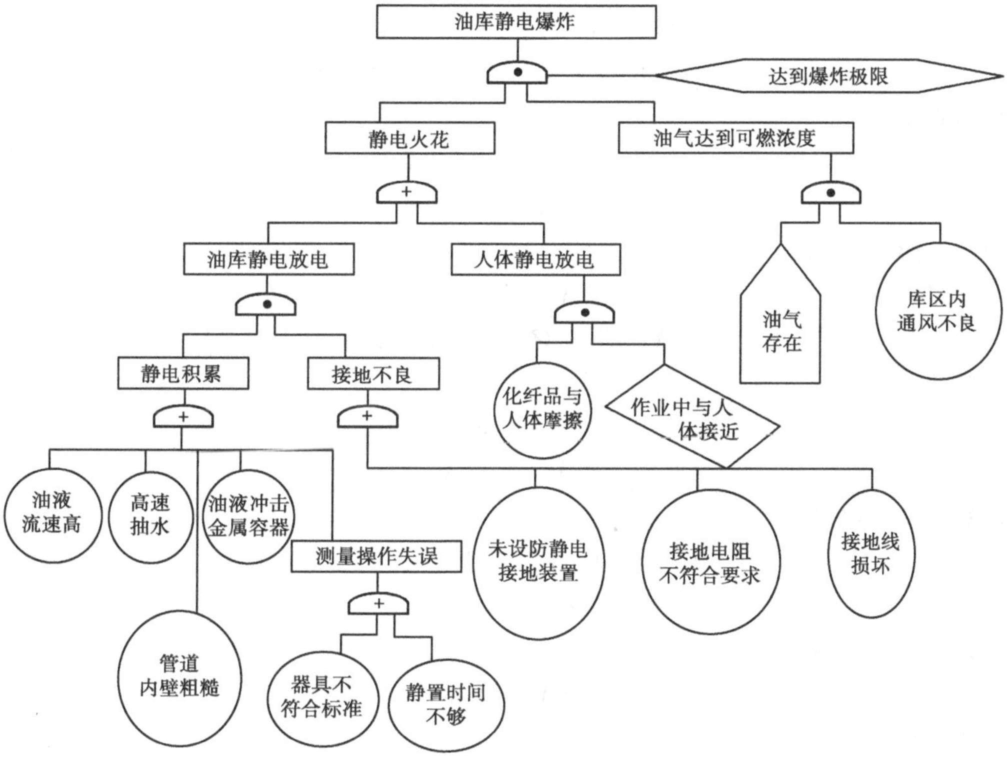

图4.12　油库静电爆炸事故树

4.2.5　事故树定性分析

事故树定性分析是根据事故树求取其最小割集或最小径集，确定顶事件发生的事故模式、原因及其对顶事件的影响程度，为经济、有效地采取预防对策和控制措施，防止同类事故发生提供科学依据。

(1) **布尔代数规则**

布尔代数用于集的运算，与普通代数运算法则不同。它可用于事故树分析，布尔代数可帮助我们将事件表达为另一些基本事件的组合。将系统失效表达为基本元件失效的组合。演算这些方程即可求出导致系统失效的元件失效组合（即最小割集），进而根据元件失效概率，计算出系统失效的概率。

布尔代数规则如下（X，Y 代表两个集合）：

1）交换律

$$X \cdot Y = Y \cdot X$$
$$X + Y = Y + X$$

2）结合律

$$X \cdot (Y \cdot Z) = (X \cdot Y) \cdot Z$$
$$X + (Y + Z) = (X + Y) + Z$$

3）分配律

$$X \cdot (Y + Z) = X \cdot Y + X \cdot Z$$
$$X + (Y \cdot Z) = (X + Y) \cdot (X + Z)$$

4）吸收律

$$X \cdot (X + Y) = X$$
$$X + (X \cdot Y) = X$$

5）互补律

$$X + X' = 1$$
$$X \cdot X' = \varnothing \text{（} \varnothing \text{ 表示空集）}$$

6）幂等律

$$X \cdot X = X$$
$$X + X = X$$

7）狄·摩根定律

$$(X \cdot Y)' = X' + Y'$$
$$(X + Y)' = X' \cdot Y'$$

8）对合律

$$(X')' = X$$

9）重叠律

$$X + X'Y = X + Y = Y + Y'X$$

（2）**事故树的数学描述**

假定系统由 n 个单元组成，且下列二值变量 x_i 对应于各单元的状态为

$$x_i = \begin{cases} 1 \text{ 表示单元发生（即元、部件故障）} \\ (i = 1,2,\cdots,n) \\ 0 \text{ 表示单元不发生（即元、部件正常）} \\ (i = 1,2,\cdots,n) \end{cases}$$

同样，系统的状态变量用 y 表示，则

$$y_i = \begin{cases} 1 & \text{表示顶上事件发生} \\ 0 & \text{表示顶上事件不发生} \end{cases}$$

y 取决于单元状态(x)，因此，y 是(x)的函数，记为

$$y_i = \Phi(x)，或\ y_i = \Phi(x_1, x_2, \cdots, x_n)$$

$\Phi(x)$称为系统的结构函数，这种函数表达式用布尔代数进行表示。

(3) **简单系统的结构函数**

①如图 4.13 所示，写出与门的结构函数表达式，即

$$\Phi(x) = \prod_{i=1}^{n} x_i = x_1 \cdot x_2 \cdot \cdots \cdot x_n$$
$$= \min(x_1, x_2, \cdots, x_n)$$

②如图 4.14 所示，写出或门的结构函数表达式，即

$$\Phi(x) = 1 - \prod_{i=1}^{n} (1 - x_i)$$
$$= 1 - (1 - x_1)(1 - x_2)\cdots(1 - x_3)$$
$$= \max(x_1, x_2, \cdots, x_n)$$

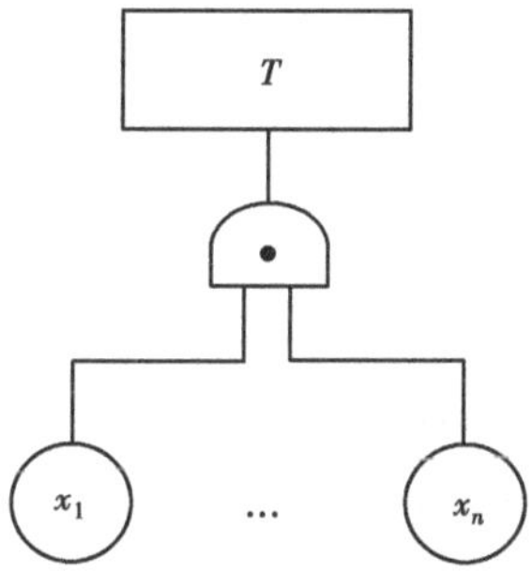

图 4.13　与门事故树

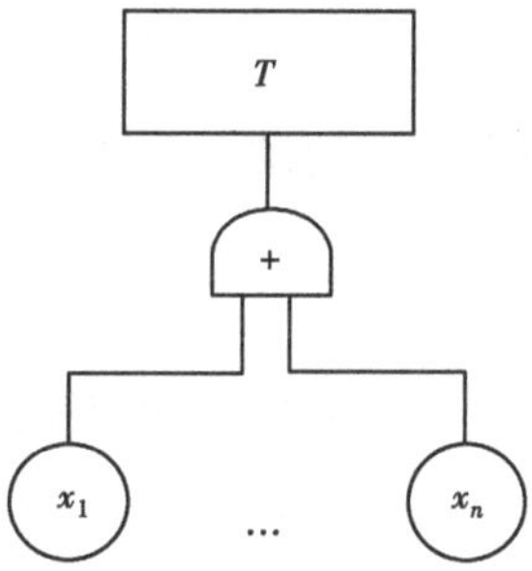

图 4.14　或门事故树

依据上述计算，请写出如图 4.15 所示的结构函数表达式，即

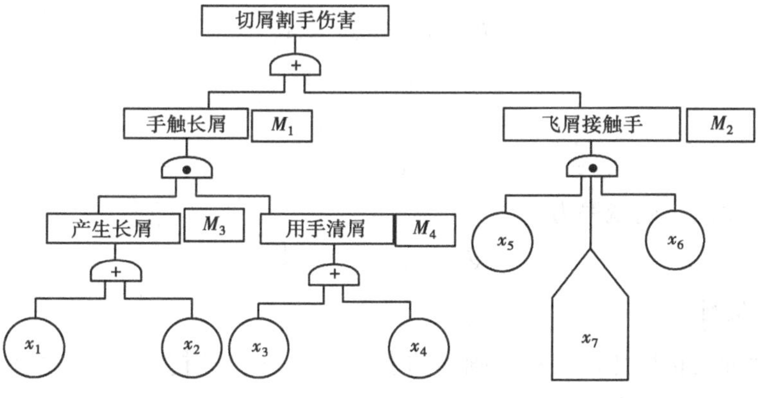

图 4.15　切屑割手事故树

x_1—无断屑装置；x_2—刀具角度不合理；x_3—无消屑工具；

x_4—未用清屑工具；x_5—躲避不及；x_6—车屑甩出；x_7—车头旋转

$$\begin{aligned}\Phi(x) &= M_1 + M_2 = M_3M_4 + x_5x_6x_7 \\ &= (x_1 + x_2)(x_3 + x_4) + x_5x_6x_7 \\ &= x_1x_3 + x_2x_3 + x_1x_4 + x_2x_4 + x_5x_6x_7\end{aligned}$$

(4)利用布尔代数化简事故树

利用布尔代数可对事故树进行化简，特别是在事故树的不同部位存在有相同的基本事件时，必须用布尔代数进行整理化简，然后才能进行定性、定量分析，否则就可能造成分析错误。

如图 4.16 所示为事故树示意图。设顶上事件为 T，中间事件为 M_i，基本事件为 x_1,x_2,x_3。若其发生概率均为 0.1，即 $q_1=q_2=q_3=0.1$，求顶上事件的发生概率。

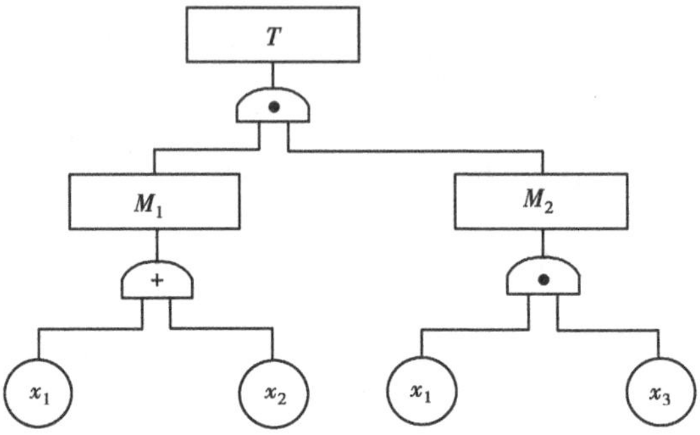

图 4.16　事故树示意图

根据事故树的逻辑关系，可写出结构式为

$$\begin{aligned}T &= M_1M_2 \\ &= (x_1 + x_2)x_1x_3\end{aligned}$$

按独立事件的概率和与积的计算公式，顶上事件的发生概率为

$$\begin{aligned}Q_1 &= [1 - (1 - q_1)(1 - q_2)]q_1q_3 \\ &= [1 - (1 - 0.1)(1 - 0.1)]0.1 \times 0.1 \\ &= 0.001\,9\end{aligned}$$

上例中，基本事件 x_1 有重复，需要利用布尔代数对上述结构式进行整理、化简，则

$$\begin{aligned}T &= (x_1 + x_2)x_1x_3 \\ &= (x_1x_3x_1 + x_1x_3x_2) \\ &= x_1x_3 + x_1x_2x_3 \\ &= x_1x_3\end{aligned}$$

故其顶上事件发生的正确概率为

$$Q = q_1q_3 = 0.01$$

(5)等效事故树

将事故树化简后按照化简表达式画出的事故树，称为事故树的等效事故树。

如图 4.17 所示，可将图 4.17(a)的事故树画为图 4.17(b)的等效事故树。

(6)最小割集

割集是导致顶上事件发生的基本事件的集合。最小割集就是引起顶上事件发生必需的最低限度的割集。最小割集的求取方法有行列式法、布尔代数法等。现在,已有计算机软件求取最小割集和最小径集。下面简要介绍布尔代数化简法。

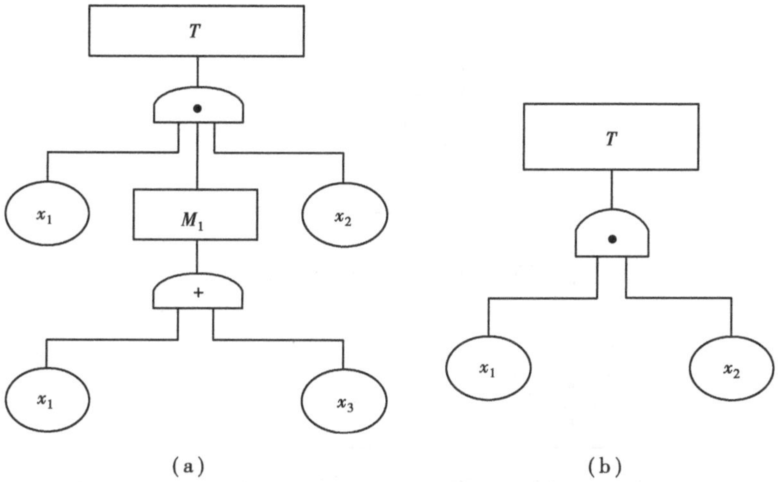

图4.17　事故树及其等效事故树

布尔代数化简法也称逻辑化简法,其方法是根据布尔代数运算及化简法则来进行。实践表明,事故树经过化简得到若干交集的并集,每个交集就是一个最小割集。

如图4.18所示,求事故树的最小割集。

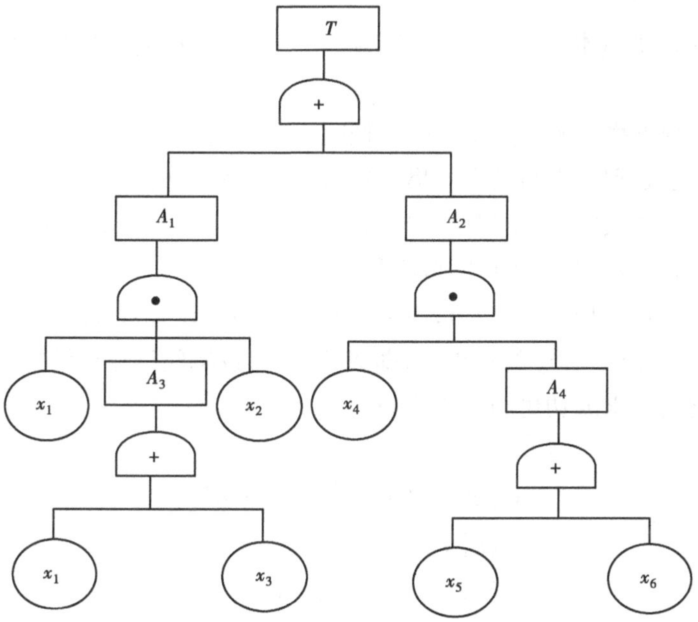

图4.18　事故树示意图

$$
\begin{aligned}
T &= A_1 + A_2 \\
&= x_1x_2A_3 + x_4A_4 \\
&= x_1x_2(x_1 + x_3) + x_4(x_5 + x_6) \\
&= x_1x_2x_1 + x_1x_2x_3 + x_4x_5 + x_4x_6 \\
&= x_1x_2 + x_4x_5 + x_4x_6
\end{aligned}
$$

所以最小割集为$\{x_1,x_2\}$，$\{x_4,x_5\}$，$\{x_4,x_6\}$。结果得到3个交集的并集，这3个交集就是3个最小割集$E_1=\{x_1,x_2\}$，$E_2=\{x_4,x_5\}$，$E_3=\{x_4,x_6\}$。用最小割集表示事故树的等效图，如图4.19所示。

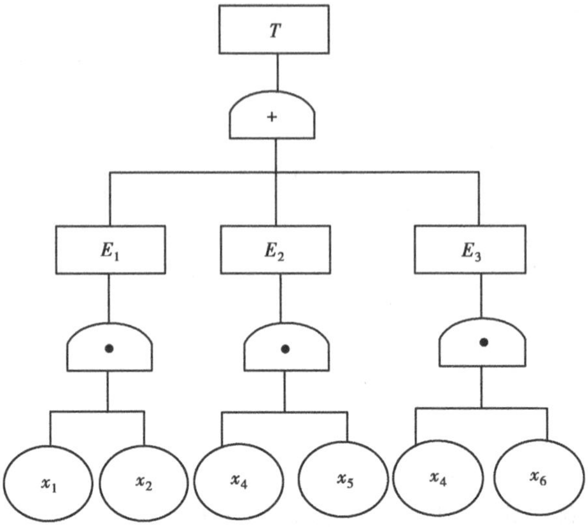

图4.19　等效事故树

(7)**最小径集及其求法**

如果事故树中某些基本事件不发生，则顶上事件就不发生，这些基本事件的集合称为径集。

最小径集就是顶上事件不发生所需的最低限度的径集。

最小径集的求法是利用它与最小割集的对偶性。首先作出与事故树对偶的成功树，即把原来事故树的与门换成或门，而或门换成与门，各类事件发生换成不发生，利用上述方法求出成功树的最小割集，再转化为事故树的最小径集。

例如，将上例中事故树变为成功树，用T'，A'_1，A'_2，A'_3，A'_4，x'_1，x'_2，x'_3，x'_4，x'_5，x'_6表示事件T，A_1，A_2，A_3，A_4，x_1，x_2，x_3，x_4，x_5，x_6的补事件，即成功事件；逻辑门作相应转换。

用布尔代数化简法求成功树的最小割集

$$\begin{aligned}T &= A'_1\cdot A'_2\\ &= (x'_1+A'_3+x'_2)\cdot(x'_4+A'_4)\\ &= (x'_1+x'_2+x'_1x'_3)\cdot(x'_4+x'_5x'_6)\\ &= (x'_1+x'_2)\cdot(x'_4+x'_5x'_6)\\ &= x'_1x'_4+x'_1x'_5x'_6+x'_2x'_4+x'_2x'_5x'_6\end{aligned}$$

成功树的最小割集

$$\{x'_1,x'_4\}\ \{x'_1,x'_5,x'_6\}\ \{x'_2,x'_4\}\ \{x'_2,x'_5,x'_6\}$$

即事故树的最小径集

$$P_1=\{x_1,x_4\};\ P_2=\{x_1,x_5,x_6\}$$
$$P_3=\{x_2,x_4\};\ P_4=\{x_2,x_5,x_6\}$$

(8)**最小割集和最小径集在事故树分析中的应用**

①最小割集表示系统的危险性。

求出最小割集可掌握事故发生的各种可能,了解系统的危险性。

每个最小割集都是顶上事件发生的一种可能,有几个最小割集,顶上事件的发生就有几种可能,最小割集越多,系统越危险。

从最小割集能直观、概略地看出,哪些事件发生最危险,哪些稍次,哪些可忽略,以及如何采取措施,使事故发生概率下降。

例如,共有3个最小割集$\{x_1\}$,$\{x_2,x_3\}$,$\{x_4,x_5,x_6,x_7,x_8\}$,如果各基本事件的发生概率都近似相等,一般来说,一个事件的割集比两个事件的割集容易发生,5个事件组成割集发生的概率更小,完全可忽略。

因此,为了提高系统的安全性,可采取技术、管理措施,以便使较少事件的割集增加基本事件。

以上述3个最小割集的事故树为例。可给一事件割集$\{x_1\}$增加一个基本事件x_9,如安装防护装置或采取隔离措施等,使新的割集为$\{x_1,x_9\}$。这样,就能使整个系统的安全性提高若干倍,甚至几百倍。若不从少事件割集入手,采取的措施收效不大。

假设上述例中各事件概率都等于0.01,即$q_1 = q_2 = q_3 = q_4 = q_5 = q_6 = q_7 = q_8 = q_9 = 0.01$。在未增加$x_9$以前顶上事件发生的概率约为0.010 1,而增加$x_9$后概率近似为0.000 2,使系统安全性提高了50倍。在可靠性设计中常用冗长技术就是这个道理。注意,以上是各事件概率相等时采取的措施。采取防灾措施必须考虑概率因素,若x_1的发生概率极小,就不必考虑$\{x_1\}$了。

②最小径集表示系统的安全性。

求出最小径集可了解到,要使顶上事件不发生有几种可能的方案,从而为控制事故提供依据。

一个最小径集中的基本事件都不发生,就可使顶上事件不发生。事故树中最小径集越多,系统就越安全。

从用最小径集表示的事故树等效图可以看出,只要控制一个最小径集不发生,顶上事件就不发生,所以可选择控制事故的最佳方案。一般来说,对少事件最小径集加以控制较为有利。

③利用最小割集、最小径集进行结构重要度分析。

④利用最小割集、最小径集进行定量分析和计算顶上事件的概率等。

(9)**结构重要度概念**

结构重要度分析就是不考虑基本事件的概率是多少,仅从事故树结构上分析各基本事件的发生对顶上事件的影响程度。

事故树是由众多基本事件构成的,这些基本事件对顶上事件均产生影响,但影响程度是不同的,在制订安全防范措施时必须有个先后顺序,轻重缓急,以便使系统达到经济、有效、安全的目的。结构重要度分析虽然是一种定性分析方法,但在目前缺乏定量分析数据的情况下，这种分析显得很重要。

结构重要度分析方法归纳起来有两种：一种是计算出各基本事件的结构重要系数，将系数由大到小排列得各基本事件的重要顺序；另一种是用最小割集和最小径集近似判断各基本事件的结构重要系数的大小，并排列顺序。

1）结构重要系数求取

下面介绍结构重要系数的求取方法。假设某事故树有几个基本事件，每个基本事件 x 的状态都有两种：

$$x_i=\begin{cases}1 & \text{基本事件 } x_i \text{ 发生}\\0 & \text{基本事件 } x_i \text{ 不发生}\end{cases}\qquad i=1,2,\cdots,n$$

$$\phi=\begin{cases}1 & \text{顶上事件发生}\\0 & \text{顶上事件不发生}\end{cases}\qquad i=1,2,\cdots,n$$

已知顶上事件是基本事件的状态函数，顶上事件的状态用 ϕ 表示，即 $\phi(x)=\phi(x_1,x_2,x_3,\cdots,x_n)$，则 $\phi(x)$ 也有两种状态，即发生或不发生。$\phi(x)$ 称为事故树的结构函数。

在其他基本事件状态都不变的情况下，基本事件 x_i 的状态从 0 变到 1，顶上事件的状态变化有以下 3 种情况：

①由 $\phi(0_i,x)=0\to\phi(1_i,x)=0$，则有 $\phi(1_i,x)-\phi(0_i,x)=0$，即不管基本事件是否发生，顶上事件都不发生。

②由 $\phi(0_i,x)=0\to\phi(1_i,x)=1$，则有 $\phi(1_i,x)-\phi(0_i,x)=1$，即顶上事件状态随基本事件状态的变化而变化。

③由 $\phi(0_i,x)=1\to\phi(1_i,x)=1$，则有 $\phi(1_i,x)-\phi(0_i,x)=0$，即不管基本事件是否发生，顶上事件也都不发生。

上述 3 种情况，只有第二种情况是基本事件 x_i 发生，顶上事件也发生。这说明 x_i 事件对事故发生起着重要作用，这种情况越多，x_i 的重要性就越大。

对由 n 个基本事件构成的事故树，n 个基本事件两种状态的组合数为 2^n 个。把其中一个事件 x_i 作为变化对象（从 0 变到 1），其他基本事件的状态保持不变的对照组共有 2^{n-1} 个。在这些对照组中属于第二种情况 $[\phi(1_i,x)-\phi(0_i,x)=1]$ 所占的比例即是 x_i 事件的结构重要系数，用 $I_\phi(i)$ 表示，则可求得

$$I_\phi(i)=\frac{1}{2^{n-1}}\sum\left[\phi(1_i,x)-\phi(0_i,x)\right]\tag{4.1}$$

求如图 4.20 所示事故树的结构重要度。

图 4.20 事故树有 5 个基本事件，按照二进制列出所有基本事件两种状态的组合数，共有 $2^5=32$ 个，这些组合列于表 4.1。为便于对照，将 32 组分左右两部分各占 16 组，然后根据事故树图或最小割集确定 $\phi(0_i,x)$ 和 $\phi(1_i,x)$ 的值，以 0 和 1 两种状态表示。

由表可见，x_1 在左半部的状态值都为 0，右半部都为 1，右半部和左半部对应找出 $\phi(1_i,x)-\phi(0_i,x)=1$ 的组合，共有 7 个。因此，基本事件 x_1 的结构重要度系数为

$$I_\phi(1)=\frac{7}{2^{5-1}}=\frac{7}{16}$$

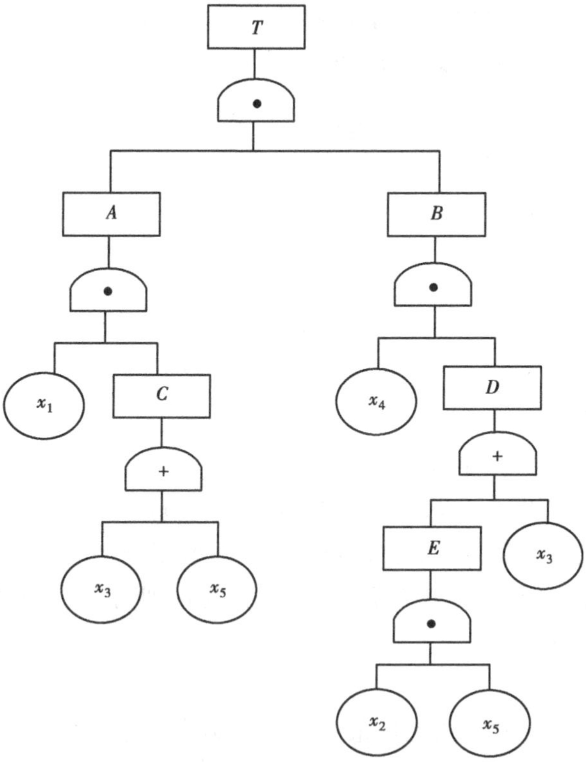

图4.20　事故树

表4.1　基本事件状态值与顶上事件状态值

x_1	x_2	x_3	x_4	x_5	$\phi(0_i,x)$	x_1	x_2	x_3	x_4	x_5	$\phi(1_1,x)$
0	0	0	0	0	0	1	0	0	0	0	0
0	0	0	0	1	0	1	0	0	0	1	1
0	0	0	1	0	0	1	0	0	1	0	0
0	0	0	1	1	0	1	0	0	1	1	1
0	0	1	0	0	0	1	0	1	0	0	1
0	0	1	0	1	0	1	0	1	0	1	1
0	0	1	1	0	1	1	0	1	1	0	1
0	0	1	1	1	1	1	0	1	1	1	1
0	1	0	0	0	0	1	1	0	0	0	0
0	1	0	0	1	0	1	1	0	0	1	1
0	1	0	1	0	0	1	1	0	1	0	0
0	1	0	1	1	1	1	1	0	1	1	1
0	1	1	0	0	0	1	1	1	0	0	1
0	1	1	0	1	0	1	1	1	0	1	1
0	1	1	1	0	1	1	1	1	1	0	1
0	1	1	1	1	1	1	1	1	1	1	1

基本事件 x_2 在表4.1中左右两侧，其状态值都分成上下两部分，每部分8组，在同一侧上下部分对照找出 $\phi(1_2,x)-\phi(0_2,x)=1$ 的组合，只有1个，故有

$$I_\phi(2)=\frac{1}{16}$$

同理，可得出

$$I_\phi(3)=\frac{7}{16}$$

$$I_\phi(4)=\frac{5}{16}$$

$$I_\phi(5)=\frac{5}{16}$$

按各基本事件 $I(1)$ 值的大小排列起来，其结果为

$$I_\phi(1)=I_\phi(3)>I_\phi(4)=I_\phi(5)>I_\phi(2)$$

用计算基本事件结构重要系数的方法进行结构重要度分析，其结果较为精确，但很烦琐。特别是当事故树比较庞大、基本事件个数比较多时，要排列为 2^n 个组合是很困难的，有时即使是使用计算机也难以进行。

2）结构重要度分析

结构重要度分析的另一种方法是用最小割集或最小径集近似判断各基本事件的结构重要系数。这种方法的精确度虽然比采用求结构重要系数法要差一些，但操作简便，故应用较多。用最小割集或最小径集近似判断结构重要系数的方法也有几种，这里只做简要介绍。

①单事件最小割（径）集中基本事件结构重要系数最大。

例如，某事故树有3个最小径集

$$P_1=\{x_1\},\quad P_2=\{x_2,x_3\},\quad P_3=\{x_4,x_5,x_6\}$$

第一个最小径集只含一个基本事件 x_1，按此原则 X_1 的结构重要系数最大，即

$$I_\phi(1)>I_\phi(i)\qquad (i=2,3,4,5)$$

②仅出现在同一个最小割（径）集中的所有基本事件结构重要系数相等。

例如，上述事故树 x_2,x_3 只出现在第二个最小径集，在其他最小径集中都未出现，所以 $I_\phi(2)=I_\phi(3)$，同理有 $I_\phi(4)=I_\phi(5)=I_\phi(6)$。

③仅出现在基本事件个数相等的若干个最小割（径）集中的各基本事件结构重要系数依出现次数而定，即出现次数少，其结构重要系数小；出现次数多，其结构重要系数大；出现次数相等，其结构重要系数相等。

例如，某事故树有3个最小割集

$$K_1=\{x_1,x_2,x_3\},\quad K_2=\{x_1,x_3,x_4\},\quad K_3=\{x_1,x_4,x_5\}$$

此事故树有5个基本事件，都出现在含有3个基本事件的最小割集中。x_1 出现3次，x_3，x_4 出现2次，x_2,x_5 只出现1次，按此原则

$$I_\phi(1)>I_\phi(3)=I_\varphi(4)>I_\phi(5)=I_\phi(2)$$

④两个基本事件出现在基本事件个数不等的若干个最小割（径）集中，其结构重要系数依下列情况而定：

a. 若它们在各最小割(径)集中重复出现的次数相等,则在少数事件最小割(径)集中出现的基本事件结构重要系数大。

例如,某事故树有 4 个最小割集

$$K_1 = \{x_1, x_3\},\quad K_2 = \{x_1, x_4\},\quad K_3 = \{x_2, x_4, x_5\},\quad K_4 = \{x_2, x_5, x_6\}$$

x_1,x_2 2 个基本事件都出现 2 次,但 x_1 所在的 2 个最小割集都含有 2 个基本事件,而 x_2 所在的 2 个最小割集都含有 3 个基本事件,故 $I_\phi(1) > I_\phi(2)$。

b. 若它们在少事件最小割(径)集中出现次数少,在多事件最小割(径)集中出现次数多,以及其他更为复杂的情况,可近似地计算为

$$\sum I(i) = \sum \frac{1}{2^{n_j - 1}} \tag{4.2}$$

式中　$I(i)$——基本事件 x_i 结构重要系数的近似判别值,$I_\phi(i)$ 大,则 $I(i)$ 也大;

$x_i \in K_j$——其中事件 x_i 属于 K_j 最小割(径)集;

n_j——基本事件 x_i 所在最小割(径)集中包含基本事件的个数。

假设某事件树共有 5 个最小径集

$$P_1 = \{x_1, x_3\},\quad P_2 = \{x_1, x_4\},\quad P_3 = \{x_2, x_4, x_5\},\quad P_4 = \{x_2, x_5, x_6\},\quad P_5 = \{x_2, x_6, x_7\}$$

基本事件 x_1 与 x_2 比较,x_1 出现 2 次,但所在的 2 个最小径集都含有 2 个基本事件;x_2 出现 3 次,所在的 3 个最小径集都含有 3 个基本事件,根据这个原则判断

$$I(1) = \frac{1}{2^{2-1}} + \frac{1}{2^{2-1}} = 1$$

$$I(1) = \frac{1}{2^{3-1}} + \frac{1}{2^{3-1}} + \frac{1}{2^{3-1}} = \frac{3}{4}$$

由此可知,$I_\phi(1) > I_\phi(2)$。

利用上述 4 条原则判断基本事件结构重要系数大小时,必须从第一条至第四条按顺序进行,不能单纯使用近似判别式,否则会得到错误的结果。

用最小割集或最小径集判断基本事件结构重要顺序其结果应该是一样的,选用哪一种要视具体情况而定。一般来说,最小割集和最小径集哪一种数量少就选哪一种,这样对包含的基本事件容易比较。例如,某事故树含 4 个最小割集

$$K_1 = \{x_1, x_3\},\quad K_2 = \{x_1, x_5\},\quad K_3 = \{x_3, x_4\},\quad K_4 = \{x_2, x_4, x_5\}$$

3 个最小径集

$$P_1 = \{x_1, x_4\}, P_2 = \{x_1, x_2, x_3\}, P_3 = \{x_3, x_5\}$$

显然用最小径集比较各基本事件的结构重要顺序比用最小割集方便。

根据以上 4 条原则判断,x_1,x_3 都各出现 2 次,且 2 次所在的最小径集中基本事件个数相等,故 $I_\phi(1) = I_\phi(3)$;x_2,x_4,x_5 都各出现 1 次,但 x_2 所在的最小径集中基本事件个数比 x_4,x_5 所在最小径集的基本事件个数多,故 $I_\phi(4) = I_\phi(5) > I_\phi(2)$。由此得各基本事件的结构重要顺序为

$$I_\phi(1) = I_\phi(3) > I_\phi(4) = I_\phi(5) > I_\phi(2)$$

在这个例子中,近似判断法与精确计算各基本事件结构重要系数方法的结果是相同的。分析结果说明,仅从事故树结构来看,基本事件 x_1 和 x_3 对顶上事件发生影响最大,其次是 x_4

和 x_5，x_2 对顶上事件影响最小。据此，在制订对策时，首先要控制住 x_1 和 x_3 这两个危险因素，其次是 x_4 和 x_5，对 x_2 要根据情况而定。

基本事件的结构重要顺序排出后，也可作为制订安全检查表，找出日常管理和重点控制的依据。

(10) **事故树定性分析综合案例**

1) 事故树建立

机械伤害事故是安全生产事故中比较常见的事故之一。现建立机械伤害事故树如图4.21所示。

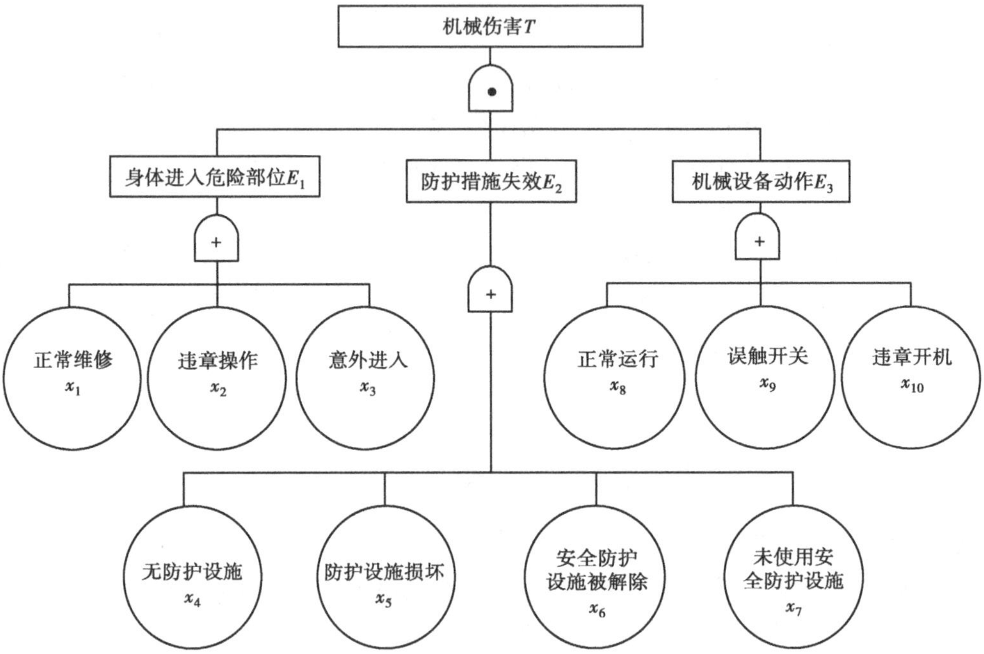

图 4.21　机械伤害事故树

2) 事故树的最小割集

$$
\begin{aligned}
T &= E_1E_2E_3 \\
&= (x_1+x_2+x_3)(x_4+x_5+x_6+x_7)(x_8+x_9+x_{10}) \\
&= x_1x_4x_8+x_1x_5x_8+x_1x_6x_8+x_1x_7x_8+x_2x_4x_8+x_2x_5x_8+x_2x_6x_8+x_2x_7x_8+x_3x_4x_8+ \\
&\quad x_3x_5x_8+x_3x_6x_8+x_3x_7x_8+x_1x_4x_9+x_1x_5x_9+x_1x_6x_9+x_1x_7x_9+x_2x_4x_9+x_2x_5x_9+ \\
&\quad x_2x_6x_9+x_2x_7x_9+x_3x_4x_9+x_3x_5x_9+x_3x_6x_9+x_3x_7x_9+x_1x_4x_{10}+x_1x_5x_{10}+x_1x_6x_{10}+ \\
&\quad x_1x_7x_{10}+x_2x_4x_{10}+x_2x_5x_{10}+x_2x_6x_{10}+x_2x_7x_{10}+x_3x_4x_{10}+ \\
&\quad x_3x_5x_{10}+x_3x_6x_{10}+x_3x_7x_{10}
\end{aligned}
$$

得到 36 个最小割集，分别为

$K_1=\{x_1x_4x_8\}$；　$K_2=\{x_1x_5x_8\}$；　$K_3=\{x_1x_6x_8\}$；　$K_4=\{x_1x_7x_8\}$；

$K_5=\{x_2x_4x_8\}$；　$K_6=\{x_2x_5x_8\}$；　$K_7=\{x_2x_6x_8\}$；　$K_8=\{x_2x_7x_8\}$；

$K_9=\{x_3x_4x_8\}$；　$K_{10}=\{x_3x_5x_8\}$；　$K_{11}=\{x_3x_6x_8\}$；　$K_{12}=\{x_3x_7x_8\}$；

$K_{13}=\{x_1x_4x_9\}$；　$K_{14}=\{x_1x_5x_9\}$；　$K_{15}=\{x_1x_6x_9\}$；　$K_{16}=\{x_1x_7x_9\}$；

$K_{17}=\{x_2\ x_4\ x_9\}$；　$K_{18}=\{x_2\ x_5\ x_9\}$；　$K_{19}=\{x_2\ x_6\ x_9\}$；　$K_{20}=\{x_2\ x_7\ x_9\}$；

$K_{21}=\{x_3\ x_4\ x_9\}$；　$K_{22}=\{x_3\ x_5\ x_9\}$；　$K_{23}=\{x_3\ x_6\ x_9\}$；　$K_{24}=\{x_3\ x_7\ x_9\}$；

$K_{25}=\{x_1\ x_4\ x_{10}\}$；　$K_{26}=\{x_1\ x_5 x_{10}\}$；　$K_{27}=\{x_1\ x_6\ x_{10}\}$；　$K_{28}=\{x_1\ x_7\ x_{10}\}$；

$K_{29}=\{x_2\ x_4\ x_{10}\}$；　$K_{30}=\{x_2\ x_5\ x_{10}\}$；　$K_{31}=\{x_2\ x_6\ x_{10}\}$；　$K_{32}=\{x_2\ x_7\ x_{10}\}$；

$K_{33}=\{x_3\ x_4\ x_{10}\}$；　$K_{34}=\{x_3\ x_5\ x_{10}\}$；　$K_{35}=\{x_3\ x_6\ x_{10}\}$；　$K_{36}=\{x_3\ x_7\ x_{10}\}$

机械伤害的基本事件组合见表4.2。

表4.2　机械伤害事故树最小割集事件组合表

序号	最小割集	事件组合
K_1	x_1,x_4,x_8	正常检修、无防护设施、正常运行
K_2	x_1,x_5,x_8	正常检修、防护设施损坏、正常运行
K_3	x_1,x_6,x_8	正常检修、安全防护设施被解除、正常运行
K_4	x_1,x_7,x_8	正常检修、未使用安全防护设施、正常运行
K_5	x_2,x_4,x_8	违章操作、无防护设施、正常运行
K_6	x_2,x_5,x_8	违章操作、防护设施损坏、正常运行
K_7	x_2,x_6,x_8	违章操作、安全防护设施被解除、正常运行
K_8	x_2,x_7,x_8	违章操作、未使用安全防护设施、正常运行
K_9	x_3,x_4,x_8	意外进入、无防护设施、正常运行
K_{10}	x_3,x_5,x_8	意外进入、防护设施损坏、正常运行
K_{11}	x_3,x_6,x_8	意外进入、安全防护设施被解除、正常运行
K_{12}	x_3,x_7,x_8	意外进入、未使用安全防护设施、正常运行
K_{13}	x_1,x_4,x_9	正常检修、无防护设施、误触开关
K_{14}	x_1,x_5,x_9	正常检修、防护设施损坏、误触开关
K_{15}	x_1,x_6,x_9	正常检修、安全防护设施被解除、误触开关
K_{16}	x_1,x_7,x_9	正常检修、未使用安全防护设施、误触开关
K_{17}	x_2,x_4,x_9	违章操作、无防护设施、误触开关
K_{18}	x_2,x_5,x_9	违章操作、防护设施损坏、误触开关
K_{19}	x_2,x_6,x_9	违章操作、安全防护设施被解除、误触开关
K_{20}	x_2,x_7,x_9	违章操作、未使用安全防护设施、误触开关
K_{21}	x_3,x_4,x_9	意外进入、无防护设施、误触开关
K_{22}	x_3,x_5,x_9	意外进入、防护设施损坏、误触开关
K_{23}	x_3,x_6,x_9	意外进入、安全防护设施被解除、误触开关
K_{24}	x_3,x_7,x_9	意外进入、未使用安全防护设施、误触开关
K_{25}	x_1,x_4,x_{10}	正常检修、无防护设施、违章开机
K_{26}	x_1,x_5,x_{10}	正常检修、防护设施损坏、违章开机

续表

序号	最小割集	事件组合
K_{27}	x_1, x_6, x_{10}	正常检修、安全防护设施被解除、违章开机
K_{28}	x_1, x_7, x_{10}	正常检修、未使用安全防护设施、违章开机
K_{29}	x_2, x_4, x_{10}	违章操作、无防护设施、违章开机
K_{30}	x_2, x_5, x_{10}	违章操作、防护设施损坏、违章开机
K_{31}	x_2, x_6, x_{10}	违章操作、安全防护设施被解除、违章开机
K_{32}	x_2, x_7, x_{10}	违章操作、未使用安全防护设施、违章开机
K_{33}	x_3, x_4, x_{10}	意外进入、无防护设施、违章开机
K_{34}	x_3, x_5, x_{10}	意外进入、防护设施损坏、违章开机
K_{35}	x_3, x_6, x_{10}	意外进入、安全防护设施被解除、违章开机
K_{36}	x_3, x_7, x_{10}	意外进入、未使用安全防护设施、违章开机

3）结构重要度

$$I_\phi(1) = \frac{1}{36}\left(12 \times \frac{1}{3}\right) = \frac{1}{9}$$

$$I_\phi(2) = \frac{1}{36}\left(12 \times \frac{1}{3}\right) = \frac{1}{9}$$

$$I_\phi(3) = \frac{1}{36}\left(12 \times \frac{1}{3}\right) = \frac{1}{9}$$

$$I_\phi(4) = \frac{1}{36}\left(9 \times \frac{1}{3}\right) = \frac{1}{12}$$

$$I_\phi(5) = \frac{1}{36}\left(9 \times \frac{1}{3}\right) = \frac{1}{12}$$

$$I_\phi(6) = \frac{1}{36}\left(9 \times \frac{1}{3}\right) = \frac{1}{12}$$

$$I_\phi(7) = \frac{1}{36}\left(9 \times \frac{1}{3}\right) = \frac{1}{12}$$

$$I_\phi(8) = \frac{1}{36}\left(12 \times \frac{1}{3}\right) = \frac{1}{9}$$

$$I_\phi(9) = \frac{1}{36}\left(12 \times \frac{1}{3}\right) = \frac{1}{9}$$

$$I_\phi(10) = \frac{1}{36}\left(12 \times \frac{1}{3}\right) = \frac{1}{9}$$

经计算得机械伤害各基本事件的结构重要度排序为

$$I_\phi(1) = I_\phi(2) = I_\phi(3) = I_\phi(8) = I_\phi(9) = I_\phi(10) > I_\phi(4) = I_\phi(5) = I_\phi(6) = I_\phi(7)$$

4）机械伤害事故树最小径集

$$T' = E'_1 + E'_2 + E'_3$$

$$= (x'_1x'_2x'_3) + (x'_4x'_5x'_6x'_7) + (x'_8x'_9x'_{10})$$

由计算得出机械伤害的3个最小径集,分别为

$$K_1 = \{x_1x_2x_3\};\quad K_2 = \{x_4x_5x_6x_7\};\quad K_3 = \{x_8x_9x_{10}\}$$

最小径集事件组合见表4.3。

表4.3　机械伤害事故树最小径集事件组合表

序号	事件代号	事件组合
K_1	x_1,x_2,x_3	正常维修、违章操作、意外进入
K_2	x_4,x_5,x_6,x_7	无防护设施、防护设施损坏、安全防护设施被解除、未使用安全防护设施
K_3	x_8,x_9,x_{10}	正常运行、误触开关、违章开机

5)机械伤害事故树结果分析

由事故树可以看出,生产过程中所造成的机械伤害主要是由人的不安全行为和设备本身的不安全因素构成。经对事故树分析,防止机械伤害的措施可分为以下3类:

①要加强操作人员的安全管理,如建立健全安全操作规程和规章制度,抓好新员工三级安全教育和技能培训,以及考核正确穿戴个人劳动保护用品等。

②要注重机械设备的基本安全要求,如机械设备要合理布局,选用本质安全程度高的设备,以及加强对危险部件的安全防护等。

③要重视作业环境的改善,如照明要适宜,以及噪声和振动要小等。

4.2.6　事故树的定量计算

事故树定量分析包括顶上事件发生概率计算、概率重要度及临界重要度计算。

(1)事故树顶上事件发生概率计算

1)逐级向上推算法(该法只适用于没有重复基本事件的情况)

①当各基本事件均是独立事件时,凡是与门连接的地方,可用几个独立事件逻辑积的概率计算公式计算,即

$$Q(T) = \prod_{i=1}^{n} q_i \tag{4.3}$$

式中　$\prod$——数学运算符号,表示逻辑积(乘);

$Q(T)$——顶上事件发生概率;

q_i——基本事件发生概率。

②当各基本事件均是独立事件时,凡是或门连接的地方,可用几个独立事件的逻辑和的概率计算公式计算,即

$$Q(T) = \coprod_{i=1}^{n} q_i = 1 - \prod_{i=1}^{n}(1 - q_i) \tag{4.4}$$

式中　$\coprod$——数学运算符号,表示逻辑和;

$Q(T)$——顶上事件发生概率;

q_i—— 基本事件发生概率。

2）利用最小割集计算顶上事件的发生概率

在事故树的定性分析中，已叙述了最小割集的概念和计算方法。这里仅介绍应用最小割集求解顶上事件发生概率的方法。

假定事故树有一个最小割集 K，则对于各最小割集可定义函数为

$$K_j(x) = \prod_{x_i \in K_j} x_i \tag{4.5}$$

式中 i——基本事件序数；

j——最小割集序数；

$x_i \in K_j$——第 i 个基本事件属于第 j 个最小割集。

其他符号意义同前。

因最小割集与基本事件是用与门连接，而顶上事件 T 与最小割集是用或门连接，故结构函数树为

$$\varphi(x) = \coprod_{j=1}^{r} K_j(x_i) = \coprod_{j=1}^{r} \prod_{x_i \in K_j} x_i \tag{4.6}$$

式中 r——最小割集的个数。

其他符号意义同前。

这个结构函数 $\varphi(x)$ 实际表示了用或门连接着 r 个最小割集的事故树。

由于基本事件 x_1 发生的概率 q_i 是 $x_1 = 1$ 的概率，顶上事件的发生概率 $Q(T)$ 是 $\phi(x) = 1$ 的概率。因此，如果在各最小割集中没有重复的基本事件，且各基本事件相互独立时，则顶上事件的发生概率函数可表示为

$$Q(T) = \coprod_{j=1}^{r} \prod_{x_i \in K_j} q_i \tag{4.7}$$

按式（4.7）就可计算出顶上事件的发生概率。

如果事故树的各最小割集中有重复事件，则式（4.7）不能成立。这时须将式（4.7）展开，按布尔代数等幂解消去每个概率因子中的重复因子，方可计算。

计算各最小割集彼此有重复事件的一般公式为

$$Q(T) = \sum_{j=1}^{r} \prod_{x_i \in K_j} q_i - \sum_{1 \leqslant j < s \leqslant r} \prod_{x_i \in K_j \cup K_s} q_i + \cdots + (-1)^{r-1} \prod_{x_i \in K_j} q_i \tag{4.8}$$

式中 j, s—— 最小割集的序数；

$\sum_{j=1}^{r}$—— 求 K 项代数和；

$x_i \in K_j \cup K_s$—— 第 i 个基本事件 x_i，可属于第 j 个最小割集，或属于第 s 个最小割集；

$\sum_{1 \leqslant j < s \leqslant r} \prod_{x_i \in K_j \cup K_S} q_i$—— 属于任意两个不同最小割集基本事件概率积的和。

3）利用最小径集计算顶上事件发生概率

用最小径集表示事故树等效图时，顶上事件与最小径集是用与门连接的，而各个最小径集与基本事件是用或门连接的，当事故树最小径集数为 P，各最小径集彼此无重复事件且相互独立时，则顶上事件发生的概率 $Q(T)$ 可表示为

$$Q(T)=\prod_{j=1}^{P}\coprod_{x_i\in P_j}q_i=\prod_{j=1}^{P}\left[1-\prod_{x_i\in P_j}(1-q_i)\right] \tag{4.9}$$

若各最小径集彼此有重复事件，则需将式(4.9)展开，用布尔代数等幂解消去概率积中的重复因子，方可进行计算。其计算的一般公式为

$$Q(T)=1-\sum_{j=1}^{P}\prod_{x_i\in P_j}(1-q_i)+\sum_{1\leqslant j<s\leqslant r}\prod_{x_i\in P_j\cup P_s}(1-q_i)-\cdots+(-1)^P\prod_{\substack{j=1\\x_i\in P_j}}^{P}(1-q_i) \tag{4.10}$$

式中　j,s——最小径集序数；

P——最小径集个数；

$\prod_{x_i\in P_j}(1-q_i)$——第$j$个最小径集中所有基本事件都不发生的概率积；

$\sum_{1\leqslant j<s\leqslant r}\prod_{x_i\in P_j\cup P_S}(1-q_i)$——任意两个不同最小径集的基本事件都不发生的概率积的代数和；

$x_i\in P_j\cup P_s$——第i个基本事件或属于第j个最小径集或属于第s个最小径集。

(2)**概率重要度**

前边介绍了基本事件结构重要度的概念，它主要是从事故树的结构上分析各基本事件的重要程度。如果考虑各基本事件发生概率的变化会给顶上事件概率带来多大的影响，就必须研究基本事件的概率重要度。

基本事件的概率重要度是指顶上事件发生概率对该基本事件发生概率的变化率，即

$$I_g(i)=\frac{\partial Q(T)}{\partial q_i} \tag{4.11}$$

式中　$I_g(i)$——基本事件i的概率重要度；

$Q(T)$——顶上事件发生概率；

q_i——基本事件i概率。

求出各基本事件的概率重要度后，就可知道，应当降低哪个基本事件的发生概率，对降低顶上事件发生概率更有效。

由式(4.11)可知，一个基本事件的概率重要度的大小不取决于它本身概率的大小，而取决于它所在最小割集中其他基本事件概率的大小。

(3)**临界重要度**

结构重要度是从事故树图的结构来分析基本事件的重要性，并不能全面地说明各基本事件的危险重要程度。而概率重要度是反映各基本事件概率的增减对顶上事件发生概率影响的敏感度。临界重要度是从概率和结构双重角度来衡量各基本事件重要性的一个评价标准。

临界重要度也称危险重要度，是基本事件发生概率的变化率与顶上事件发生概率的变化率的比，来确定基本事件的重要程度，可表示为

$$I_c(i)=I_g(i)\cdot\frac{q_i}{Q(T)} \tag{4.12}$$

式中 $I_c(i)$——第 i 个基本事件的临界重要度；

$I_g(i)$——第 i 个基本事件的概率重要度；

q_i——第 i 个基本事件的发生概率；

$Q(T)$——顶上事件的发生概率。

【例 4.1】 设某事故树最小径集为 $P_1=\{x_1\}, P_2=\{x_2,x_3\}, P_3=\{x_4\}$。若各基本事件发生概率分别为：$q_1=0.1, q_2=0.02, q_3=0.02, q_4=0.3$。

试求：

①顶上事件发生概率；

②各基本事件的概率重要度；

③各基本事件的临界重要度。

解 ①由已知条件可得知其结构函数式为

$$T = x_1 \cdot (x_2 + x_3) \cdot x_4$$

其顶上事件发生概率函数式为

$$Q(T) = q_1[1-(1-q_2)(1-q_3)]q_4$$

则顶上事件发生概率为

$$\begin{aligned} Q(T) &= [0.1(1-(1-0.02)(1-0.02))] \times 0.3 \\ &= 1.188 \times 10^{-3} \end{aligned}$$

②基本事件的概率重要度为

$$\begin{aligned} I_g(1) &= \frac{\partial Q(T)}{\partial q_1} = q_3q_4 + q_2q_4 - q_2q_3q_4 \\ &= 0.02 \times 0.3 + 0.02 \times 0.3 - 0.02 \times 0.02 \times 0.3 \\ &= 0.011\ 88 \end{aligned}$$

同理可得

$$I_g(2) = 0.029\ 4$$

$$I_g(3) = 0.029\ 4$$

$$I_g(4) = 0.003\ 96$$

③各基本事件临界重要度为

$$I_C(1) = I_g(1)\frac{q_1}{Q(T)} = 0.011\ 88 \times \frac{0.1}{0.001\ 188} = 1$$

$$I_C(2) = I_g(2)\frac{q_2}{Q(T)} = 0.029\ 4 \times \frac{0.02}{0.001\ 188} = 0.494\ 9$$

$$I_C(3) = I_g(3)\frac{q_3}{Q(T)} = 0.029\ 4 \times \frac{0.02}{0.001\ 188} = 0.494\ 9$$

$$I_C(4) = I_g(4)\frac{q_4}{Q(T)} = 0.003\ 96 \times \frac{0.3}{0.001\ 188} = 1$$

故

$$I_C(1) = I_C(4) > I_C(2) = I_C(3)$$

(4)**事故树的模块分割**

所谓模块,是指至少包含两个基本事件的集合。这些事件向上可到达同一逻辑门(称为模块的输出或模块的顶点),且必须通过此门才能到达顶事件。模块没有来自其余部分的输入,也没有与其余部分重复的事件。事故树的模块可从整个事故树中分割出来,单独地计算最小割集和事故概率。这些模块的最小割集是众多基本事件最小割集的分组代表。在原事故树中,可用一个“准基本事件”代替分割出来的模块,“准基本事件”的概率为这个模块的概率。这样经过模块分解后,其规模比原事故树小,从而减少了计算量,提高了分析效率。

简而言之,模块分割就是将一复杂完整的事故树分割成数个模块和基本事件的组合,这些模块中所含的基本事件不会在其他模块中重复出现,也不会在分割后剩余的基本事件中出现。若分离出的模块仍然较复杂,则可对模块重复上述模块分割步骤。一般来说,没有重复事件的事故树可任意分解模块以减少规模,简化计算。当存在重复事件时可采用分割顶点的方法,最有效的方法是进行事故树的早期不交化。

【任务实施】

(1)**任务准备**

课件,案例,多媒体教学设备。

(2)**任务实施**

应用4.4　以普通车床人员伤害事故中车床绞长发事故为例,依据下面的分析绘制事故树。

分析:车床绞长发事故的发生与车床旋转和工作人员长发落下有关,并且事故是否发生还与落下的长发是否与车床的旋转部位接触有关。长发落下的原因是工作人员留有长发和长发未在帽子内。

应用4.5　依据下面吊装物坠落事故的分析画出事故树。

分析:吊装物坠落的主要原因是:钢丝绳断脱、钩头冲顶、超载;钢丝绳断脱:钢丝绳强度下降以及未及时发现;钢丝绳强度下降:钢丝绳质量不良、磨损腐蚀超标、钢丝绳变形严重;钢丝绳强度下降未及时发现:日常检查不及时、未定期对钢丝绳进行检查;钩头冲顶:操作工操作失误、起重机防过卷保护装置失灵;超载:起吊重物超重、无超载限制器。

应用4.6　依据脚手架坠落死亡事故的分析画事故树。

分析:从脚手架上坠落死亡的原因是人员不慎坠落且安全带未起作用,同时与坠落高度和地面状况有关;不慎坠落的原因是人员滑倒或身体失去平衡且重心超出护栏;安全带未起作用的原因是安全带机械性破坏和人员没有戴安全带引起;进一步分析,人员没有戴安全带的原因是人员忘记戴或因走动而取下引起;机械性破坏的原因是因安全带损坏或支承物破坏引起的。

应用4.7　请写出如图4.22所示的复杂结构函数。

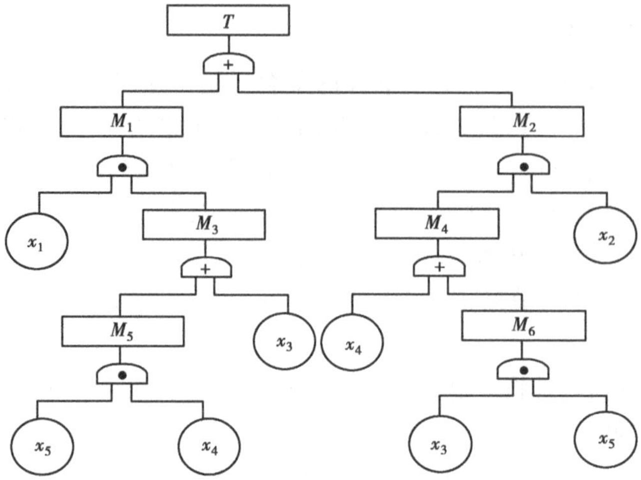

图 4.22　复杂事故树

应用 4.8　化简如图 4.23 所示的事故树,并作出等效事故树。

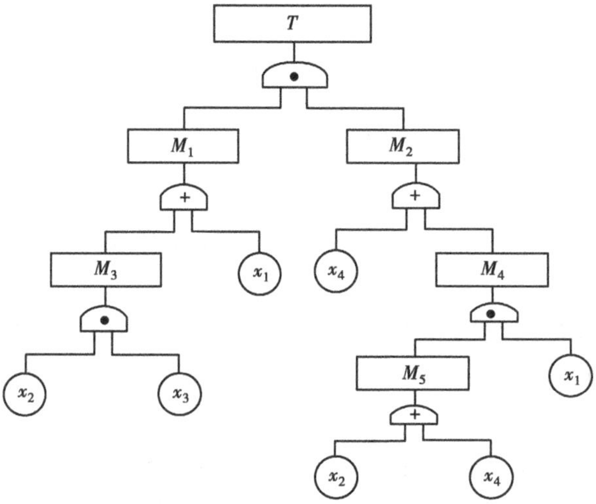

图 4.23　某事故树

应用 4.9　如图 4.24 所示为某系统的事故树,求其最小割集,画出成功树,并求最小径集。

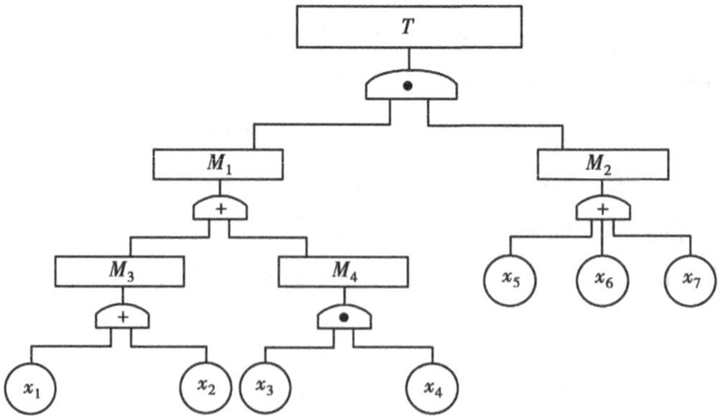

图 4.24　某事故树

应用 4.10　画出如图 4.25 所示事故树的等效事故树、成功树，并求顶上事件发生的概率（$q_1 = q_2 = q_3 = 0.01$）、各事件结构重要度、概率重要度及临界重要度。

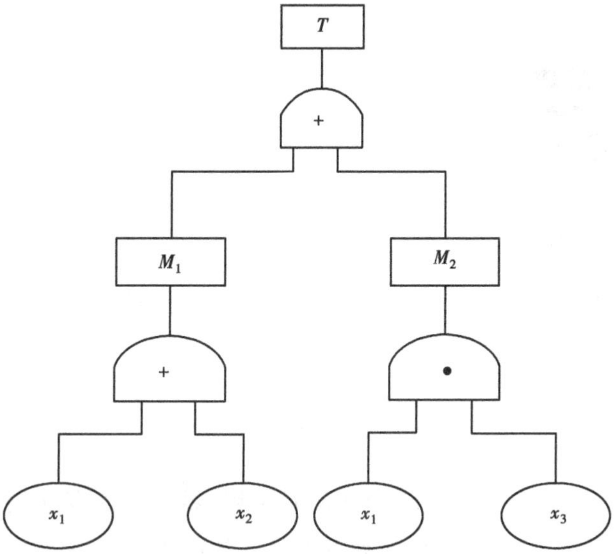

图 4.25　某事故树示意图

教学情境 5
系统安全评价

【情境描述】

安全评价是利用系统工程方法对拟建或已有工程、系统可能存在的危险性及其可能产生的后果进行综合评价和预测，并根据可能导致的事故风险的大小，提出相应的安全对策措施，以达到工程、系统安全的过程。安全评价应贯穿于工程、系统的设计、建设、运行和退役整个生命周期的各个阶段。对工程、系统进行安全评价既是政府安全监督管理的需要，也是企业、生产经营单位搞好安全生产的重要保证。

任务 5.1　安全评价概述

【任务目的】

1. 熟悉安全评价的概念。

2. 掌握安全评价的内容与分类以及程序与原则。

【任务描述】

本任务主要介绍安全评价的基本知识，为做好安全评价奠定基础。它主要包括安全评价定义、安全评价内容与分类、安全评价程序和原则等。要求学生掌握安全评价基础知识。

【知识准备】

5.1.1　安全评价的定义

安全评价是以实现工程、系统安全为目的，应用安全系统工程原理和方法，对工程、系统中存在的危险、有害因素进行识别与分析，判断工程、系统发生事故和急性职业危害的可能性及其严重程度，提出安全对策建议，从而为工程、系统制订防范措施，为管理决策提供科学依据。

安全评价，国外也称风险评价或危险评价，它既需要安全评价理论的支撑，又需要理论与实际经验的结合，二者缺一不可（目前国内安全评价和国外的略有不同，国内尚未建立风险的基准标准，量化的 QRA 计算目前尚无法进行，因此，更多的是为政府和管理者提供的安全防范措施为主）。

安全评价可在同一工程、系统中用来比较风险的大小，但不能用来证明当必要的安全设备未投入使用时工程、系统的状态是安全的。这样的证明既是方法的滥用，也会得出不符合逻辑的结果。

5.1.2　安全评价内容

安全评价是一个利用安全系统工程原理和方法识别和评价系统、工程存在的风险的过程。这一过程包括危险、有害因素识别及危险和危害程度评价两部分。危险、有害因素识别的目的在于识别危险来源；危险和危害程度评价的目的在于确定和衡量来自危险源的危险性和危险程度与应采取的控制措施，以及采取控制措施后仍然存在的危险性是否可以被接受。在实际的安全评价过程中，这两个方面是不能截然分开、孤立进行的，而是相互交叉、相互重叠于整个评价工作中。安全评价的基本内容如图 5.1 所示。

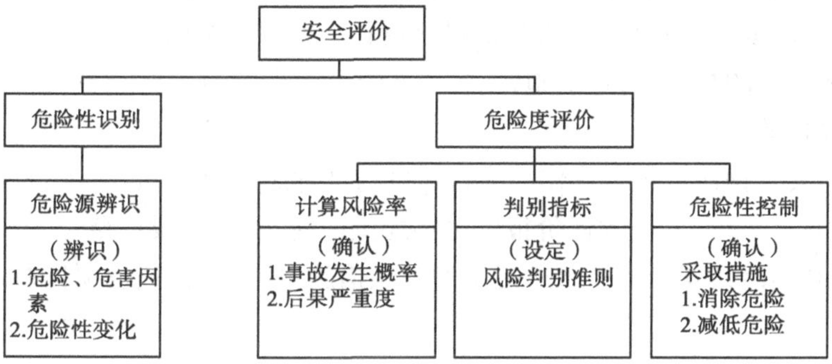

图 5.1　安全评价基本内容

随着现代科学技术的发展，在安全技术领域里，由以往主要研究、处理已经发生和必然发生的事件，发展为主要研究、处理还没有发生而有可能发生的事件，并把这种可能性具体化为一个数量指标，计算事故发生的概率，划分危险等级，制订安全标准和对策措施，并进行综合比较和评价，从中选择最佳的方案，预防事故的发生。安全评价通过危险性识别及危险度评价，客观地描述系统的危险程度，指导人们预先采取相应措施，来降低系统的危险性。

5.1.3　安全评价分类

目前，国内将安全评价通常根据工程、系统生命周期和评价的目的分为安全预评价、安全验收评价、安全现状综合评价及专项安全评价 4 类（实际上，它是 3 大类，即安全预评价、安全验收评价和安全现状评价，专项评价应属现状评价的一种，属于政府在特定的时期内进行专项整治时开展的评价）。

（1）安全预评价

安全预评价是根据建设项目可行性研究报告的内容，分析和预测该建设项目可能存在的危险、有害因素的种类和程度，提出合理、可行的安全对策措施及建议。

实际上，安全预评价就是在项目建设前应用安全评价的原理和方法对系统（工程、项目）的危险性、危害性进行预测性评价。

安全预评价以拟建项目作为研究对象，根据建设项目可行性研究报告提供的生产工艺过程、使用和产出的物质、主要设备和操作条件等，研究系统固有的危险及有害因素，应用系统安全工程的方法，对系统的危险性和危害性进行定性、定量分析，确定系统的危险、有害因素及其危险、危害程度；针对主要危险、有害因素及其可能产生的危险、危害后果，提出消除、预防和降低的对策措施；评价采取措施后的系统是否能满足规定的安全要求，从而得出建设项目应如何设计、管理才能达到安全指标要求的结论。概括来说，即：

①预评价是一种有目的的行为，它是在研究事故和危害为什么会发生、是怎样发生的和如何防止发生这些问题的基础上，回答建设项目依据设计方案建成后的安全性如何、是否能达到安全标准的要求及如何达到安全标准、安全保障体系的可靠性如何等至关重要的问题。

②预评价的核心是对系统存在的危险、有害因素进行定性、定量分析，即针对特定的系统范围，对发生事故、危害的可能性及其危险、危害的严重程度进行评价。

③用有关标准（安全评价标准）进行衡量，分析、说明系统的安全性。

④采取哪些优化的技术、管理措施，使各子系统及建设项目整体达到安全标准的要求，这是预评价的最终目的。

最后形成的安全预评价报告将作为项目报批的文件之一，同时也是项目最终设计的重要依据文件之一（具体来说，安全预评价报告主要提供给建设单位、设计单位、业主、政府管理部门，在设计阶段必须落实安全预评价所提出的各项措施，切实做到建设项目在设计中的“三同时”）。

（2）**安全验收评价**

安全验收评价是在建设项目竣工验收之前、试生产运行正常后，通过对建设项目的设施、设备、装置实际运行状况及管理状况的安全评价，查找该建设项目投产后存在的危险、有害因素，确定其程度，提出合理、可行的安全对策措施和建议。

安全验收评价是运用系统安全工程原理和方法，在项目建成试生产正常运行后，在正式投产前进行的一种检查性安全评价。它通过对系统存在的危险和有害因素进行定性和定量的检查，判断系统在安全上的符合性和配套安全设施的有效性，从而作出评价结论，并提出补救或补偿措施，以促进项目实现系统安全。

安全验收评价是为安全验收进行的技术准备，最终形成的安全验收评价报告将作为建设单位向政府安全生产监督管理机构申请建设项目安全验收审批的依据。另外，通过安全验收还可检查生产经营单位的安全生产保障，确认《安全生产法》的落实（在安全验收评价中，要查看安全预评价在初步设计中的落实，初步设计中的各项安全措施落实的情况，施工过程中的安全监理记录，安全设施调试、运行和检测情况等，以及隐蔽工程等安全落实情况，同时落实各项安全管理制度措施等）。

（3）**安全现状综合评价**

安全现状综合评价是针对系统、工程的（某一个生产经营单位总体或局部的生产经营活动的)安全现状进行的安全评价。通过评价查找其存在的危险、有害因素,确定其程度,提出合理可行的安全对策措施及建议。

这种对在用生产装置、设备、设施、储存、运输及安全管理状况进行的全面、综合安全评价,是根据政府有关法规的规定或根据生产经营单位职业安全、健康、环境保护的管理要求进行的。主要内容包括:

①全面收集评价所需的信息资料,采用合适的安全评价方法进行危险识别,给出量化的安全状态参数值。

②对可能造成重大后果的事故隐患,采用相应的数学模型,进行事故模拟,预测极端情况下的影响范围,分析事故的最大损失,以及发生事故的概率。

③对发现的隐患,根据量化的安全状态参数值、整改的优先度进行排序。

④提出整改措施与建议。

评价形成的现状综合评价报告的内容应纳入生产经营单位安全隐患整改和安全管理计划,并按计划加以实施和检查。

(4)专项安全评价

专项安全评价是根据政府有关管理部门的要求进行的。它是对专项安全问题进行的专题安全分析评价,如危险化学品专项安全评价、非煤矿山专项评价等。

专项安全评价是针对某一项活动或场所(如一个特定的行业、产品、生产方式、生产工艺或生产装置等)存在的危险、有害因素进行的安全评价。其目的是查找其存在的危险、有害因素,确定其程度,提出合理、可行的安全对策措施和建议。

如果生产经营单位是生产或储存、销售剧毒化学品的企业,评价所形成的专项安全评价报告则是上级主管部门批准其获得或保持生产经营营业执照所要求的文件之一。

5.1.4 安全评价程序

安全评价程序主要包括:准备阶段,危险、有害因素识别与分析,定性定量评价,提出安全对策措施,形成安全评价结论及建议,编制安全评价报告,如图5.2所示。

(1)准备阶段

明确被评价对象和范围,收集国内外相关法律法规、技术标准及工程、系统的技术资料。

(2)危险、有害因素识别与分析

根据被评价的工程、系统的情况,识别和分析危险、有害因素,确定危险、有害因素存在的部位、存在的方式、事故发生的途径及其变化的规律。

(3)定性、定量评价

在危险、有害因素识别和分析的基础上,划分评价单元,选择合理的评价方法,对工程、系统发生事故的可能性和严重程度进行定性、定量评价。

(4)安全对策措施

根据定性、定量评价结果,提出消除或减弱危险、有害因素的技术和管理措施及建议。

(5)评价结论及建议

简要地列出主要危险、有害因素的评价结果,指出工程、系统应重点防范的重大危险因素,明确生产经营者应重视的重要安全措施。

(6)安全评价报告的编制

依据安全评价的结果,编制相应的安全评价报告。

具体评价程序如图5.2所示。

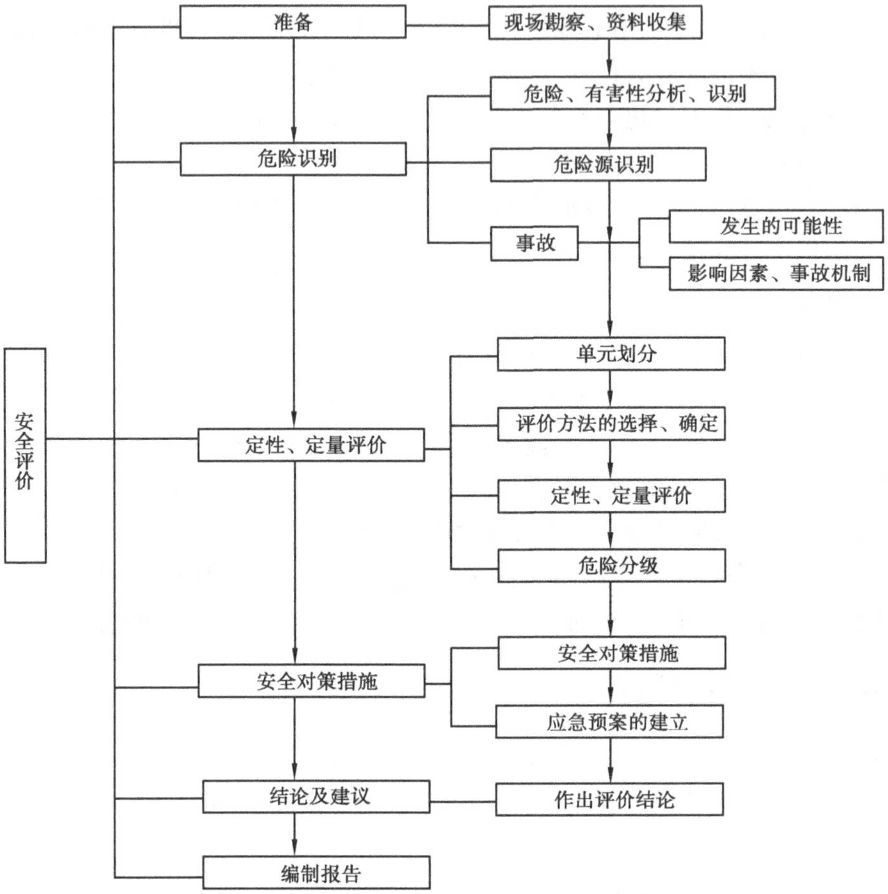

图5.2　安全评价的基本程序

5.1.5　安全评价的原则

安全评价是落实“安全第一,预防为主”方针的重要技术保障,是安全生产监督管理的重要手段。安全评价工作以国家有关安全的方针、政策和法律、法规、标准为依据,运用定量和定性的方法对建设项目或生产经营单位存在的职业危险、有害因素进行识别、分析和评价,提出预防、控制、治理对策措施,为建设单位或生产经营单位减少事故发生的风险,为政府主管部门进行安全生产监督管理提供科学依据。

安全评价是关系被评价项目能否符合国家规定的安全标准,能否保障劳动者安全与健康的关键性工作。由于这项工作不但具有较复杂的技术性,而且还有很强的政策性。因此,要做好这项工作,必须以被评价项目的具体情况为基础,以国家安全法规及有关技术标准为依据,用严肃的科学态度,认真负责的精神,强烈的责任感和事业心,全面、仔细、深入地开展和完成评价任务。在工作中,必须自始至终遵循科学性、公正性、合法性及针对性原则。

(1)**合法性**

安全评价是国家以法规形式确定下来的一种安全管理制度,安全评价机构和评价人员必须由国家安全生产监督管理部门予以资质核准和资格注册,只有取得了认可的单位才能依法进行安全评价工作。政策、法规、标准是安全评价的依据,政策性是安全评价工作的灵魂。因此,承担安全评价工作的单位必须在国家安全生产监督管理部门的指导、监督下严格执行国家及地方颁布的有关安全的方针、政策、法规和标准等;在具体评价过程中,全面、仔细、深入地剖析评价项目或生产经营单位在执行产业政策、安全生产和劳动保护政策等方面存在的问题,并且在评价过程中主动接受国家安全生产监督管理部门的指导、监督和检查,力争为项目决策、设计和安全运行提出符合政策、法规、标准要求的评价结论和建议,为安全生产监督管理提供科学依据。

(2)**科学性**

安全评价涉及学科范围广,影响因素复杂多变。安全预评价在实现项目的本质安全上有预测、预防性;安全现状综合评价在整个项目上具有全面的现实性;验收安全评价在项目的可行性上具有较强的客观性;专项安全评价在技术上具有较高的针对性。为保证安全评价能准确地反映被评价项目的客观实际和结论的正确性,在开展安全评价的全过程中,必须依据科学的方法、程序,以严谨的科学态度,全面、准确、客观地进行工作,提出科学的对策措施,作出科学的结论。

危险、有害因素产生危险、危害后果需要一定条件和触发因素,要根据内在的客观规律,分析危险、有害因素的种类和程度,产生的原因及出现危险、危害的条件及其后果,才能为安全评价提供可靠的依据。

现有的评价方法均有其局限性。评价人员应全面、仔细、科学地分析各种评价方法的原理、特点、适用范围及使用条件。必要时,还应用几种评价方法进行评价,进行分析综合、互为补充、互相验证,提高评价的准确性,避免局限和失真。评价时,切忌生搬硬套、主观臆断、以偏概全。

从收集资料、调查分析、筛选评价因子、测试取样、数据处理、模式计算及权重值的给定,直至提出对策措施、作出评价结论与建议等,每个环节都必须严守科学态度,用科学的方法和可靠的数据,按科学的工作程序一丝不苟地完成各项工作,努力在最大程度上保证评价结论的正确性和对策措施的合理性、可行性和可靠性。

由于受一系列不确定因素的影响,故安全评价在一定程度上也存在误差。评价结果的准确性直接影响到决策的正确,安全设计的完善,以及运行是否安全、可靠。因此,对评价结果进行验证十分重要。为不断提高安全评价的准确性,评价单位应有计划、有步骤地对同类装置、国内外的安全生产经验、相关事故案例和预防措施以及评价后的实际运行情况进行考察、分析和验证,利用建设项目建成后的事后评价进行验证,并运用统计方法对评价误差进行统计和分析,以便改进原有的评价方法和修正评价的参数,不断提高评价的准确性和科学性。

(3)公正性

评价结论是评价项目的决策依据、设计依据,以及能否安全运行的依据,也是国家安全生产监督管理部门进行安全监督管理的执法依据。因此,安全评价的每一项工作都要做到客观和公正,既要防止受评价人员主观因素的影响,又要排除外界因素的干扰,避免出现不合理、不公正。

评价的正确与否直接涉及被评价项目能否安全运行;涉及国家财产和声誉会不会受到破坏和影响;涉及被评价单位的财产会否受到损失,生产能否正常进行;涉及周围单位及居民是否受到影响;涉及被评价单位职工乃至周围居民的安全和健康。因此,评价单位和评价人员必须严肃、认真、实事求是地进行公正的评价。

安全评价有时会涉及一些部门、集团、个人的某些利益。因此,在评价时,必须以国家和劳动者的总体利益为重,充分考虑劳动者在劳动过程中的安全与健康,依据有关标准法规和经济技术的可行性提出明确的要求和建议。评价结论和建议不能模棱两可、含糊其词。

(4)针对性

进行安全评价时,首先应针对被评价项目的实际情况和特征,收集有关资料,对系统进行全面的分析;其次要对众多的危险、有害因素及单元进行筛选,针对主要的危险、有害因素及重要单元应进行重点评价,并辅以重大事故后果和典型案例进行分析、评价。由于各类评价方法都有特定适用范围和使用条件,因此,要有针对性地选用评价方法;最后要从实际的经济、技术条件出发,提出有针对性的、操作性强的对策措施,对被评价项目作出客观、公正的评价结论。

5.1.6 安全评价的限制因素

根据经验和预测技术、方法进行的安全评价,在理论和实践上都还存在很多限制,应认识到在安全评价结果的基础上作出的安全管理决策的质量,与对被评价对象的了解程度、对危险可能导致事故的认识程度和采用安全评价方法的准确性等有关。安全评价存在的限制因素主要来自:

(1)评价方法

安全评价方法多种多样,各有其适用对象,各有其优缺点,各有其局限性。许多方法是利用过去发生过的事件的概率和危害程度做出推断,往往对高风险性事件更为关注,而高风险事件通常发生概率很小,概率值误差很大,故在预测低风险事件危险度时可能会得出不符合实际的判断。有时,在利用定量评价方法计算绝对风险度时,选取事件的发生频率和事故的严重度的基准标准不准时,可能得出的结果会有高达数倍的不准确性。另外,方法的误用也会导致错误的评价结果。

(2)评价人员的素质和经验

许多安全评价具有高度主观的性质,评价结果与假设条件密切相关。不同的评价人员使用相同的资料评价同一个对象,因评价人员的业务素质不同,故可能会得出不同的结果。尽管有很多经验性的预测方法,安全评价的质量在很大程度上还取决于判断正确与否,尤其是假设条件。只有训练有素且经验丰富的安全评价从业人员，才能得心应手地使用各种安全评价方法，辅以丰富的经验，得出正确的评价结论。

在很多情况下，由于许多事故在评价前并未发生过，因此，安全评价使用定性方法来确定潜在事故的危险性，依靠评价人员个人或集体的智慧来判断确定可能导致事故的原因及其产生的后果。评价结果的可靠性往往与评价人员的技术素质和经验相关。

【任务实施】

(1) **任务准备**

课件，多媒体教学设备。

(2) **任务应用**

应用5.1　要求学生举例说明安全预评价、安全现状评价、安全验收评价等评价方法的特点和适用对象。

应用5.2　假设一个加油站要做安全现状评价，需要如何开展工作。请同学们分组讨论，形成小组意见，最后由教师总结。

任务5.2　危险、有害因素识别及评价单元划分

【任务目标】

1. 熟悉危险有害因素的定义。
2. 掌握危险有害因素种类划分的方法。
3. 掌握评价单元划分的方法。

【任务描述】

安全评价的基础工作就是对系统危险因素进行识别，危险有害因素识别的前提是掌握危险有害因素的分类方法，进行识别时一般参照一种分类原则，依据分类内容逐一比对，切忌头脑风暴，随意查找。

【知识准备】

5.2.1　危险、有害因素的定义

(1) **危险因素**

危险因素是指能对人造成伤亡或对物造成突发性损害的因素。

(2) **有害因素**

有害因素是指能影响人的身体健康，导致疾病，或对物体造成慢性损害的因素。

通常情况下，二者并不加以区分而统称为危险、有害因素，主要是指客观存在的危险、有害物质或能量超过临界值的设备、设施和场所等。

5.2.2 危险、有害因素的分类

对危险、有害因素进行分类的目的在于，安全评价时便于进行危险有害因素的分析与识别。危险、有害因素分类的方法多种多样，安全评价中常用“按导致事故的直接原因”和“参照事故类别”的方法进行分类。

(1)按导致事故的直接原因进行分类

根据《生产过程危险和有害因素分类与代码》(GB/T 13861—92)的规定，将生产过程中的危险、有害因素分为以下6类：

1)物理性危险、有害因素

①设备、设施缺陷(强度不够、刚度不够、稳定性差、密封不良、应力集中、外形缺陷、外露运动件、操纵器缺陷、制动器缺陷、控制器缺陷、设备设施其他缺陷等)。

②防护缺陷(无防护、防护装置和设施缺陷、防护不当、支撑不当、防护距离不够、其他防护缺陷等)。

③电危害(带电部位裸露、漏电、雷电、静电、电火花、其他电危害等)。

④噪声危害(机械性噪声、电磁性噪声、流体动力性噪声、其他噪声等)。

⑤振动危害(机械性振动、电磁性振动、流体动力性振动、其他振动危害等)。

⑥电磁辐射(电离辐射：包括X射线、γ射线、α粒子、β粒子、质子、中子、高能电子束等；非电离辐射：包括紫外线、激光、射频辐射、超高压电场等)。

⑦运动物危害(固体抛射物、液体飞溅物、坠落物、反弹物、土/岩滑动、料堆(垛)滑动、飞流卷动、冲击地区、其他运动物危害等)。

⑧明火。

⑨能造成灼伤的高温物质(高温气体、高温液体、高温固体、其他高温物质等)。

⑩能造成冻伤的低温物质(低温气体、低温液体、低温固体、其他低温物质等)。

⑪粉尘与气溶胶(不包括爆炸性、有毒性粉尘与气溶胶)。

⑫作业环境不良(基础下沉、安全过道缺陷、采光照明不良、有害光照、缺氧、通风不良、空气质量不良、给/排水不良、涌水、强迫体位、气温过高、气温过低、气压过高、气压过低、高温高湿、自然灾害、其他作业环境不良等)。

⑬信号缺陷(无信号设施、信号选用不当、信号位置不当、信号不清、信号显示不准、其他信号缺陷等)。

⑭标志缺陷(无标志、标志不清晰、标志不规范、标志选用不当、标志位置缺陷、其他标志缺陷等)。

⑮其他物理性危险和有害因素。

2)化学性危险、有害因素

①易燃易爆性物质(易燃易爆性气体、易燃易爆性液体、易燃易爆性固体、易燃易爆性粉尘与气溶胶、遇湿易燃物质和自燃性物质、其他易燃易爆性物质等)。

②反应活性物质(氧化剂、有机过氧化物、强还原剂)。

③有毒物质(有毒气体、有毒液体、有毒固体、有毒粉尘与气溶胶、其他有毒物质等)。

④腐蚀性物质(腐蚀性气体、腐蚀性液体、腐蚀性固体、其他腐蚀性物质等)。

⑤其他化学性危险和有害因素。

3)生物性危险、有害因素

①致病微生物(细菌、病毒、其他致病性微生物等)。

②传染病媒介物。

③致害动物。

④致害植物。

⑤其他生物危险和有害因素。

4)心理、生理性危险、有害因素

①负荷超限(体力负荷超限、听力负荷超限、视力负荷超限、其他负荷超限)。

②健康状况异常。

③从事禁忌作业。

④心理异常(情绪异常、冒险心理、过度紧张、其他心理异常)。

⑤识别功能缺陷(感知延迟、识别错误、其他识别功能缺陷)。

⑥其他心理、生理性危险和有害因素。

5)行为性危险、有害因素

①指挥错误(指挥失误、违章指挥、其他指挥错误)。

②操作错误(误操作、违章作业、其他操作错误)。

③监护错误。

④其他错误。

⑤其他行为性危险和有害因素。

6)其他危险、有害因素

①搬举重物。

②作业空间。

③工具不合适。

④标识不清。

(2)参照事故类别进行分类

此种分类方法所列的危险、有害因素与企业职工伤亡事故处理(调查、分析、统计)和职工安全教育的口径基本一致,为安全生产监督管理部门、行业主管部门职业安全卫生管理人员和企业广大职工、安全管理人员所熟悉,易于接受和理解,便于实际应用。但缺少全国统一规定,尚待在应用中进一步提高其系统性和科学性。

(3)参照《企业职工伤亡事故分类》(GB 6441—86)进行分类

参照《企业职工伤亡事故分类》(GB 6441—86),综合考虑起因物、引起事故的诱导性原因、致害物、伤害方式等,将危险因素分为以下20类:

①物体打击。是指物体在重力或其他外力的作用下产生运动,打击人体造成人身伤亡事故,不包括因机械设备、车辆、起重机械、坍塌等引发的物体打击。

②车辆伤害。是指企业机动车辆在行驶中引起的人体坠落和物体倒塌、下落、挤压伤亡事故,不包括起重设备提升、牵引车辆和车辆停驶时发生的事故。

③机械伤害。是指机械设备运动(静止)部件、工具、加工件直接与人体接触引起的夹击、碰撞、剪切、卷入、绞、碾、割、刺等伤害,不包括车辆、起重机械引起的机械伤害。

④起重伤害。是指各种起重作业(包括起重机安装、检修、试验)中发生的挤压、坠落、(吊具、吊重)物体打击。

⑤触电。包括雷击伤亡事故。

⑥淹溺。包括高处坠落淹溺,不包括矿山、井下透水淹溺。

⑦灼烫。是指火焰烧伤、高温物体烫伤、化学灼伤(酸、碱、盐、有机物引起的体内外灼伤)、物理灼伤(光、放射性物质引起的体内外灼伤),不包括电灼伤和火灾引起的烧伤。

⑧火灾。

⑨高处坠落。是指在高处作业中发生坠落造成的伤亡事故,不包括触电坠落事故。

⑩坍塌。是指物体在外力或重力作用下,超过自身的强度极限或因结构稳定性破坏而造成的事故,如挖沟时的土石塌方、脚手架坍塌、堆置物倒塌等,不适用于矿山冒顶片帮和车辆、起重机械、爆破引起的坍塌。

⑪冒顶片帮。

⑫透水。

⑬放炮。是指爆破作业中发生的伤亡事故。

⑭火药爆炸。是指火药、炸药及其制品在生产、加工、运输、储存中发生的爆炸事故。

⑮瓦斯爆炸。

⑯锅炉爆炸。

⑰容器爆炸。

⑱其他爆炸。

⑲中毒和窒息。

⑳其他伤害。

(4)**重大危险源的识别**

重大危险源是指长期地或临时地生产、加工、搬运、使用或储存危险物质,且危险物质的数量等于或超过临界量的单元。

1)重大危险源辨识标准

对某种或某类危险化学品规定的数量,若单元中的危险化学品数量等于或超过该数量则该单元定为重大危险源。单元内存在的危险化学品的数量,根据处理危险化学品种类的多少区分为以下两种情况:

①单元内存在的危险化学品为单一品种,则该危险化学品的数量即为单元内危险化学品的总量;若等于或超过相应的临界量,则定为重大危险源。

②单元内存在的危险化学品为多品种时,且每一种危险化学品的储存均未达到或超过其

相应的临界量,但满足式(5.1),则定为重大危险源,即

$$\sum_{i=1}^{N}\frac{q_i}{Q_i}\geqslant 1 \tag{5.1}$$

式中　q_i——单元危险化学品 i 的实际存在量;

Q_i——危险化学品 i 的临界量;

N——单元危险化学品的种类数。

在表 5.1 中的危险化学品,其临界量按表 5.1 确定。未在表 5.1 范围内的危险化学品,根据其危险性,依据 GB 18218—2009 确定临界量;若一种危险化学品具有多种危险性,按其中最低的临界量确定。

表 5.1　危险化学品名称及其临界量

序号	类　别	危险化学品名称和说明	临界量/t
1	爆炸品	叠氮化钡	0.5
2		叠氮化铅	0.5
3		雷酸汞	0.5
4		三硝基苯甲醚	5
5		三硝基甲苯	5
6		硝化甘油	1
7		硝化纤维素	10
8		硝酸铵(含可燃物 >0.2%)	5
9	易燃气体	丁二烯	5
10		二甲醚	50
11		甲烷、天然气	50
12		氯乙烯	50
13		氢	5
14		液化石油气(含丙烷、丁烷及其混合物)	50
15		一甲胺	5
16		乙炔	1
17		乙烯	50
18	毒性气体	氨	10
19		二氟化氧	1
20		二氧化氮	1
21		二氧化硫	20
22		氟	1

续表

序号	类　别	危险化学品名称和说明	临界量/t
23	毒性气体	光气	0.3
24		环氧乙烷	10
25		甲醛(含量>90%)	5
26		磷化氢	1
27		硫化氢	5
28		氯化氢	20
29		氯	5
30		煤气(CO,CO 和 H_2、CH_4 的混合物等)	20
31		砷化三氢(胂)	12
32		锑化氢	1
33		硒化氢	1
34		溴甲烷	10
35	易燃液体	苯	50
36		苯乙烯	500
37		丙酮	500
38		丙烯腈	50
39		二硫化碳	50
40		环己烷	500
41		环氧丙烷	10
42		甲苯	500
43		甲醇	500
44		汽油	200
45		乙醇	500
46		乙醚	10
47		乙酸乙酯	500
48		正己烷	500
49	易于自燃的物质	黄磷	50
50		烷基铝	1
51		戊硼烷	1
52	遇水放出易燃气体的物质	电石	100
53		钾	1
54		钠	10

续表

序号	类　别	危险化学品名称和说明	临界量/t
55	氧化性物质	发烟硫酸	100
56		过氧化钾	20
57		过氧化钠	20
58		氯酸钾	100
59		氯酸钠	100
60		硝酸(发红烟的)	20
61		硝酸(发红烟的除外,含硝酸>70%)	100
62		硝酸铵(含可燃物≤0.2%)	300
63		硝酸铵基化肥	1 000
64	有机过氧化物	过氧乙酸(含量≥60%)	10
65		过氧化甲乙酮(含量≥60%)	10
66	毒性物质	丙酮合氰化氢	20
67		丙烯醛	20
68		氟化氢	1
69		环氧氯丙烷(3 氯 1,2 环氧丙烷)	20
70		环氧溴丙烷(表溴醇)	20
71		甲苯二异氰酸酯	100
72		氯化硫	1
73		氰化氢	1
74		三氧化硫	75
75		烯丙胺	20
76		溴	20
77		乙撑亚胺	20
78		异氰酸甲酯	0.75

2)单元的划分

单元是指一个(套)生产装置、设施或场所,或同属一个生产经营单位且边缘距离小于500 m 的几个(套)生产装置、设施或场所。

通常情况下,单元的划分方法是一个以上相距不到 500 m 的几个(套)生产装置、设施或场所,划分成一个单元还是几个单元,关键是看它们之间的安全方面是否相对独立。如果一个装置、设施或场所发生事故会导致另一个或几个装置、设施或场所发生事故,就是相对不独立,应把它们一起算作一个单元;否则,分开为不同的单元。以火灾为例,如果不同生产装置、设施或场所之间的距离符合《建筑设计防火规范》规定的安全距离,则应划分为不同的单元。

另外，如果相距超过 500 m 的两个生产装置都是同工艺的组成部分（如管道连接），在生产、安全方面紧密相关，则应视为同一单元。因此，对于 500 m 不应生硬理解。

3）其他装置、设施或场所

符合一定条件的装置、设施或场所也属于重大危险源。具体如下：

①锅炉

a. 蒸汽锅炉：额定蒸汽压力大于 2.5 MPa，且额定蒸发量不小于 10 t/h。

b. 热水锅炉：额定出水温度不小于 120 ℃，且额定功率不小于 14 MW。

②压力容器

a. 介质毒性程度为极度、高度或中度危害的 3 类压力容器。

b. 易燃介质，最高工作压力不小于 0.1 MPa，且 $P_V \geqslant 100$ MPa · m 的压力容器（群）。

③压力管道

A. 长输管道

输送有毒、可燃、易爆气体，且设计压力大于 1.6 MPa 的管道。

输送有毒、可燃、易爆液体介质，输送距离不小于 200 km 且管道公称直径不小于 300 mm 的管道。

B. 公用管道

中压和高压燃气管道，且公称直径不小于 200 mm。

C. 工业管道

输送《职业性接触毒物危害程度分级》（CB 5044—85）中，毒性程度为极度、高度危害气体，液化气体介质且公称直径不小于 100 mm 的管道。

输送《极度、高度危害液体介质》（GB 5044—85）、《石油化工企业设计防火规范》（CB 50160—2008）及《建筑设计防火规范》（GBJ 16—87）中规定的火灾危险性为甲、乙类可燃气体或类可燃液体介质，且公称直径不小于 100 mm，设计压力不小于 4 MPa 的管道。

输送其他可燃、有毒流体介质且公称直径不小于 100 mm，设计压力不小于 4 MPa，设计温度不小于 400 ℃的管道。

④煤矿（井工开采）

包括高瓦斯矿井、煤与瓦斯突出的矿井、有煤尘爆炸危险的矿井、水文地质条件复杂的矿井、煤层自然发火期不大于 6 个月的矿井、煤层冲击倾向为中等及以上的矿井。

⑤金属非金属地下矿山

包括瓦斯矿井、水文地质条件复杂的矿井、有自然发火危险的矿井、有冲击地压危险的矿井。

⑥尾矿库

包括全库容不小于 $100 \times 10^4\ m^3$ 或者坝高不小于 30 m 的尾矿库。

5.2.3 识别危险、有害因素的原则

（1）科学性

危险、有害因素的识别是分辨、识别、分析确定系统内存在的危险，而并非研究防止事故发生或控制事故发生的实际措施。它是预测安全状态和事故发生途径的一种手段，这就要求

进行危险、有害因素识别必须要有科学的安全理论作指导，使之能真正揭示系统安全状况危险、有害因素存在的部位、存在的方式、事故发生的途径及其变化的规律，并予以准确描述，用定性、定量的概念清楚地表示出来，用严密的符合逻辑的理论予以解释。

(2)系统性

危险、有害因素存在于生产活动的各个方面，因此，要对系统进行全面、详细的剖析，研究系统和系统及子系统之间的相关和约束关系，分清主要危险、有害因素及其相关的危险性、有害性。

(3)全面性

识别危险、有害因素时，不要发生遗漏，以免留下隐患，要从厂址、自然条件、总图运输、建构筑物、工艺过程、生产设备装置、特种设备、公用工程、安全管理系统、设施及制度等各方面进行分析、识别；不仅要分析正常生产运转、操作中存在的危险、有害因素，还要分析、识别开车、停车、检修、装置受到破坏及操作失误情况下的危险、有害后果。

(4)预测性

对危险、有害因素，还要分析其触发事件，即危险、有害因素出现的条件或设想的事故模式。

5.2.4　评价单元

(1)评价单元

一个作为评价对象的建设项目、装置(系统)，一般是由相对独立、相互联系的若干部分(子系统、单元)组成，各部分的功能、含有的物质、存在的危险因素和有害因素、危险性和危害性以及安全指标均不尽相同。以整个系统作为评价对象实施评价时，一般按一定原则将评价对象分成若干有限、确定范围的单元分别进行评价，再综合为整个系统的评价。将系统划分为不同类型的评价单元进行评价，不仅可简化评价工作、减少评价工作量、避免遗漏，而且能得出各评价单元危险性(危害性)的比较概念，避免了以最危险单元的危险性(危害性)来表征整个系统的危险性(危害性)、夸大整个系统的危险性(危害性)的可能性，从而提高评价的准确性，降低采取对策措施的安全投资费用。

评价单元就是在危险、有害因素分析的基础上，根据评价目标和评价方法的需要，将系统分成的有限、确定范围进行评价的单元。

美国道化学公司在火灾爆炸指数法评价中称："多数工厂是由多个单元组成，在计算该类工厂的火灾爆炸指数时，只选择那些对工艺有影响的单元进行评价，这些单元可称为评价单元"；其评价单元定义与我们的定义实质上是一致的。

(2)评价单元划分的原则和方法

划分评价单元是为评价目标和评价方法服务的，要便于评价工作的进行，有利于提高评价工作的准确性；评价单元一般以生产工艺、工艺装置、物料的特点和特征与危险、有害因素的类别、分布有机结合进行划分，还可按评价的需要将一个评价单元再划分为若干子评价单元或更细致的单元。因至今尚无一个明确通用的"规则"来规范单元的划分方法，故会出现不同的评价人员对同一个评价对象划分出不同的评价单元的现象。由于评价目标不同，各评价方法均有自身的特点，因此，只要达到评价的目的，评价单元划分并不要求绝对一致。

常用的评价单元划分原则和方法如下：

1）以危险、有害因素的类别为主划分评价单元

①对工艺方案、总体布置及自然条件、社会环境对系统影响等综合方面危险、有害因素的分析和评价，宜将整个系统作为一个评价单元。

②将具有共性危险因素、有害因素的场所和装置划为一个单元。

a. 按危险因素类别各划归一个单元，再按工艺、物料、作业特点（即其潜在危险因素不同）划分成子单元分别评价。

例如，炼油厂可将火灾爆炸作为一个评价单元，按馏分、催化重整、催化裂化、加氢裂化等工艺装置和储罐区划分成子评价单元，再按工艺条件、物料的种类（性质）和数量更细分为若干评价单元。

又如，将存在起重伤害、车辆伤害、高处坠落等危险因素的各码头装卸作业区作为一个评价单元；有毒危险品、散粮、矿砂等装卸作业区的毒物、粉尘危害部分则列入毒物、粉尘有害作业评价单元；燃油装卸作业区作为一个火灾爆炸评价单元，其车辆伤害部分则在通用码头装卸作业区评价单元中评价。

b. 进行安全评价时，宜按有害因素（有害作业）的类别划分评价单元。

例如，将噪声、辐射、粉尘、毒物、高温、低温、体力劳动强度危害的场所各划归一个评价单元。

2）以装置和物质特征划分评价单元

下列评价单元划分原则并不是孤立的，是有内在联系的。划分评价单元时，应综合考虑各方面因素进行划分。

应用火灾爆炸指数法、单元危险性快速排序法等评价方法进行火灾爆炸危险性评价时，除按下面的原则外，还应依据评价方法的有关具体规定划分评价单元。

①按装置工艺功能划分

a. 原料储存区域。

b. 反应区域。

c. 产品蒸馏区域。

d. 吸收或洗涤区域。

e. 中间产品储存区域。

f. 产品储存区域。

g. 运输装卸区域。

h. 催化剂处理区域。

i. 副产品处理区域。

j. 废液处理区域。

k. 通入装置区的主要配管桥区。

l. 其他（过滤、干燥、固体处理、气体压缩等）区域。

②按布置的相对独立性划分

a.以安全距离、防火墙、防火堤、隔离带等与(其他)装置隔开的区域或装置部分可作为一个单元。

b.储存区域内,通常以一个或共同防火堤(防火墙、防火建筑物)内的储罐、储存空间作为一个单元。

③按工艺条件划分评价单元

按操作温度、压力范围不同,划分为不同的单元;按开车、加料、卸料、正常运转、添加试剂、检修等不同作业条件划分单元。

④按储存、处理危险物品的潜在化学能、毒性和危险物品的数量划分评价单元。

a.一个储存区域内(如危险品库)储存不同危险物品,为了能正确识别其相对危险性,可作不同单元处理。

b.为避免夸大评价单元的危险性,评价单元的可燃、易燃、易爆等危险物品最低限量为2 270 kg(5 000 lb)或2.73 m^3(600 UKgal),小规模实验工厂上述物质的最低限量为454 kg(1 000 lb)或0.545 m^3(120 UKgal)(该限制为道化学公司火灾、爆炸危险指数评价法第七版的要求,其他评价方法如ICI蒙德火灾、爆炸危险指数计算法,没有此限制)。

⑤根据以往事故资料,将发生事故能导致停产、波及范围大、造成巨大损失和伤害的关键设备作为一个单元;将危险性大且资金密度大的区域作为一个单元;将危险性特别大的区域、装置作为一个单元;将具有类似危险性的单元合并为一个大单元。

【任务实施】

(1)**任务准备**

课件,多媒体教学设备,教学案例。

(2)**任务应用**

应用5.3　请分析如图5.3和图5.4所示场景的危险有害因素。

图5.3　建设现场危险有害因素识别图

图 5.4 厨房危险有害因素识别图

任务5.3 安全评价方法

【任务目标】

1. 掌握安全评价方法的分类。
2. 掌握安全评价方法的选择。

【任务描述】

在进行安全评价单元划分以后,针对不同的评价单元特点,要有针对性地选择评价方法,这就要求熟悉各种安全评价方法的内容和适用特点,选好评价方法,为定性、定量安全评价打下基础。本任务主要要求学生能根据系统特点,选择合适的评价方法。

【知识准备】

5.3.1 安全评价方法概述

安全评价方法是进行定性、定量安全评价的工具。其安全评价内容十分丰富,如安全评价目的和对象的不同,则安全评价的内容和指标也有所不同。目前,安全评价方法有很多种,每种评价方法都有其适用范围和应用条件。在进行安全评价时,应根据安全评价对象和要实现的安全评价目标,选择适用的安全评价方法。

5.3.2 安全评价方法分类

安全评价方法分类的目的是为了根据安全评价对象选择适用的评价方法。安全评价方法的分类方法很多,常用的有按评价结果的量化程度分类法、按评价的推理过程分类法、按针对的系统性质分类法、按安全评价要达到的目的分类法等。

按照安全评价结果的量化程度,安全评价方法可分为定性安全评价法和定量安全评价法。

(1)定性安全评价方法

定性安全评价方法主要是根据经验和直观判断能力对生产系统的工艺、设备、设施、环境、人员及管理等方面的状况进行定性的分析。安全评价的结果是一些定性的指标,如是否达到了某项安全指标,事故类别,以及导致事故发生的因素等。属于定性安全评价方法的有安全检查表、专家现场询问观察法、因素图分析法、作业条件危险性评价法(格雷厄姆-金尼法或LEC法)、故障类型和影响分析及危险可操作性研究等。

定性安全评价方法的特点是容易理解、便于掌握,评价过程简单。目前,定性安全评价方法在国内外企业安全管理工作中被广泛使用。但定性安全评价方法往往依靠经验,带有一定的局限性,安全评价结果有时因参加评价人员的经验和经历等的不同有相当的差异。同时,因安全评价结果不能给出量化的危险度,故不同类型的对象之间安全评价结果缺乏可比性。

(2)定量安全评价方法

定量安全评价方法是运用基于大量的实验结果和广泛的事故资料统计分析获得的指标或规律(数学模型),对生产系统的工艺、设备、设施、环境、人员及管理等方面的状况进行定量的计算。安全评价的结果是一些定量的指标,如事故发生的概率、事故的伤害(或破坏)范围、定量的危险性、事故致因因素的事故关联度或重要度等。

按照安全评价给出的定量结果的类别不同,定量安全评价方法还可分为概率风险评价法、伤害(或破坏)范围评价法和危险指数评价法。

5.3.3　安全评价方法选择

任何一种安全评价方法都有其适用条件和范围。在安全评价中,如果使用了不适用的安全评价方法,不仅浪费工作时间,影响评价工作正常开展,而且导致评价结果严重失真,使安全评价失败。因此,在安全评价中,合理选择安全评价方法是十分重要的。

(1)安全评价方法的选择原则

在进行安全评价时,应在认真分析并熟悉被评价系统的前提下,选择安全评价方法。选择安全评价方法应遵循充分性、适应性、系统性、针对性及合理性的原则。

1)充分性原则

充分性是指在选择安全评价方法之前,应充分分析评价的系统,掌握足够多的安全评价方法,并充分了解各种安全评价方法的优缺点、适应条件和范围,同时为安全评价工作准备充分的资料。也就是说,在选择安全评价方法之前,应准备好充分的资料,供选择时参考和使用。

2)适应性原则

适应性是指选择的安全评价方法应该适应被评价的系统。被评价的系统可能是由多个子系统构成的复杂系统,评价的重点各子系统可能有所不同,各种安全评价方法都有其适应的条件和范围,应根据系统和子系统、工艺的性质和状态,选择适应的安全评价方法。

3)系统性原则

系统性是指安全评价方法与被评价的系统所能提供安全评价初值和边值条件应形成一个和谐的整体。也就是说,安全评价方法获得的可信的安全评价结果,必须建立在真实、合理和系统的基础数据之上,被评价的系统应能够提供所需的系统化数据和资料。

4)针对性原则

针对性是指所选择的安全评价方法应该能够提供所需的结果。由于评价的目的不同,需要安全评价提供的结果可能是危险有害因素识别、事故发生的原因、事故发生概率、事故后果、系统的危险性等,因此,安全评价方法能够给出所要求的结果才能被选用。

5)合理性原则

在满足安全评价目的、能够提供所需的安全评价结果的前提下,应选择计算过程最简单、所需基础数据最少和最容易获取的安全评价方法,使安全评价工作量和要获得的评价结果都是合理的,不要使安全评价出现无用的工作和不必要的麻烦。

(2)安全评价方法的选择过程

安全评价方法选择过程如图5.5所示。

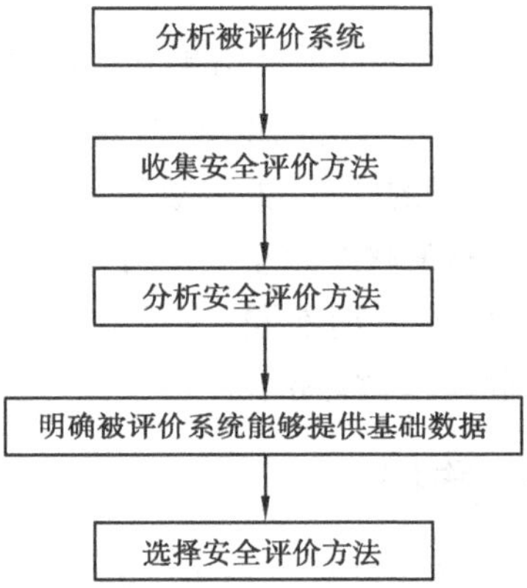

图5.5 安全评价方法选择过程

不同的被评价系统,选择不同的安全评价方法,安全评价方法选择过程有所不同。一般可按如图5.5所示的步骤选择安全评价方法。

在选择安全评价方法时,首先应详细分析被评价的系统,明确通过安全评价要达到目标,即通过安全评价需要给出哪些、什么样的安全评价结果;然后应收集尽量多的安全评价方法;将安全评价方法进行分类、整理;明确被评价的系统能够提供的基础数据、工艺和其他资料;根据安全评价要达到的目标以及所需的基础数据、工艺和其他资料,选择适用的安全评价方法。

(3)选择安全评价方法应注意的问题

选择安全评价方法时,应根据安全评价的特点、具体条件和需要,针对被评价系统的实际情况、特点和评价目标,进行认真的分析和比较。必要时,要根据评价目标的要求,选择几种安全评价方法进行安全评价,互相补充、分析综合和相互验证,以提高评价结果的可靠性。在选择安全评价方法时，应特别注意以下 4 个方面的问题：

1）充分考虑被评价的系统特点

根据被评价的系统规模、组成、复杂程度、工艺类型、工艺过程、工艺参数以及原料、中间产品、产品、作业环境等情况的特点，选择安全评价方法。

随着被评价的系统规模、复杂程度的增大，有些评价方法的工作量、工作时间和费用相应地增大，甚至超过允许的条件，在这种情况下，有些评价方法即使很适合，也不能采用。

任何安全评价方法都有一定的适用范围和条件。如危险指数评价法一般都适用于化工类工艺过程（系统）的安全评价，故障类型和影响因素分析适用于机械、电气系统的安全评价，而故障树评价法适用于分析基本的事故致因因素等。

一般而言，对危险性较大的系统可采用系统的定性、定量安全评价方法，工作量也较大，如故障树、危险指数评价法、TNT 当量法等；反之，可采用经验的定量安全评价方法或直接引用分级（分类）标准进行评价，如安全检查表、直观经验法或直接引用高处坠落危险性分级标准等。

被评价系统若同时存在几类危险、有害因素，往往需要用几种安全评价方法分别进行评价。对规模大、复杂、危险性高的系统，可首先用简单的定性安全评价方法进行评价，然后对重点部位（设备或设施）采用系统的定性或定量安全评价方法进行评价。

2）评价的具体目标和要求的最终结果

在安全评价中，由于评价目标不同，要求的评价最终结果是不同的，如查找引起事故的基本危险有害因素、由危险有害因素分析可能发生的事故、评价系统的事故发生可能性、评价系统的事故严重程度、评价系统的事故危险性、评价某危险有害因素对发生事故的影响程度等，因此，需要根据被评价目标，选择适用的安全评价方法。

3）评价资料的占有情况

如果被评价系统技术资料、数据齐全，可进行定性、定量评价并选择合适的定性、定量评价方法；反之，如果是一个正在设计的系统，缺乏足够的数据资料或工艺参数不全，则只能选择较简单的、需要数据较少的安全评价方法。

4）安全评价的人员

安全评价人员的知识、经验和习惯，对安全评价方法的选择是十分重要的。

一个企业进行安全评价的目的是为了提高全体员工的安全意识，树立“以人为本”的安全理念，全面提高企业的安全管理水平。安全评价需要全体员工的参与，使他们能识别出与自己作业相关的危险有害因素，找出事故隐患。这时，应采用较简单的安全评价方法，并且便于员工掌握和使用，同时还能提供危险性的分级。因此，作业条件危险性分析方法或类似评价方法是适用的。

一个企业为了某项工作的需要，请专业的安全评价机构进行安全评价，参加安全评价的人员都是专业的安全评价人员，他们有丰富的安全评价工作积累，掌握很多安全评价方法，甚至有专用的安全评价软件。因此，可使用定性、定量安全评价方法对评价的系统进行深入的分析和系统的安全评价。

【任务实施】

(1)任务准备

课件,多媒体教学设备,教学案例。

(2)任务应用

应用5.4 某化工厂的液化石油气球罐发生了爆炸事故。在事故调查时,请问选用什么样的分析或评价方法?为什么?

应用5.5 某工厂的员工时常抱怨所从事的工作危险性太大,为消除员工的顾虑并了解实际工作条件的危险程度,请问选用什么评价方法?为什么?

任务5.4 安全对策措施及评价结论

【任务目标】

1.熟悉制订安全对策措施应遵循的原则。

2.掌握安全评价结论编写的内容和方法。

【任务描述】

安全评价的最终目的是找出系统存在的问题,针对问题进行措施控制。但是,采取安全措施时不能盲目进行,要有针对性,提出的措施要遵从一定的原则,并结合具体的项目特点进行。评价最后要有评价结论,评价结论要具有一定的内容和形式。本任务主要介绍安全措施和评价结论的相关知识。

【知识准备】

安全对策措施是要求设计单位、生产单位、经营单位在建设项目设计、生产经营、管理中采取的消除或减弱危险、有害因素的技术措施和管理措施,是预防事故和保障整个生产、经营过程安全的对策措施。

5.4.1 安全对策措施的基本要求和遵循的原则

(1)安全对策措施基本要求

在考虑、提出安全对策措施时,有以下基本要求:

①能消除或减弱生产过程中产生的危险、危害。

②处置危险和有害物,并降低到国家规定的限值内。

③预防生产装置失灵和操作失误产生的危险、危害。

④能有效地预防重大事故和职业危害的发生。

⑤发生意外事故时,能为遇险人员提供自救和互救条件。

(2)制订安全对策措施应遵循的原则

在制订安全对策措施时,应遵守以下原则:

1)安全技术措施等级顺序

当劳动安全技术措施(简称安全技术措施)与经济效益发生矛盾时,应优先考虑安全技术措施上的要求,并应按下列安全技术措施等级顺序选择安全技术措施:

①直接安全技术措施

生产设备本身应具有本质安全性能,不出现任何事故和危害。

②间接安全技术措施

若不能或不完全能实现直接安全技术措施时,必须为生产设备设计出一种或多种安全防护装置(不得留给用户去承担),最大限度地预防、控制事故或危害的发生。

③指示性安全技术措施

间接安全技术措施也无法实现或实施时,须采用检测报警装置、警示标志等措施,警告、提醒作业人员注意,以便采取相应的对策措施或紧急撤离危险场所。

④若间接、指示性安全技术措施仍然不能避免事故、危害发生,则应采用安全操作规程、安全教育、培训和个体防护用品等措施来预防、减弱系统的危险、危害程度。

2)根据安全技术措施等级顺序的要求应遵循的具体原则

①消除

通过合理的设计和科学的管理,尽可能从根本上消除危险、有害因素。例如,采用无害化工艺技术,生产中以无害物质代替有害物质,实现自动化作业、遥控技术等。

②预防

当消除危险、有害因素有困难时,可采取预防性技术措施,预防危险、危害的发生。例如,使用安全阀、安全屏护、漏电保护装置、安全电压、熔断器、防爆膜及事故排放装置等。

③减弱

在无法消除危险、有害因素和难以预防的情况下,可采取减少危险、危害的措施。例如,局部通风排毒装置、生产中以低毒性物质代替高毒性物质、降温措施、避雷装置、消除静电装置、减振装置、消声装置等。

④隔离

在无法消除、预防、减弱的情况下,应将人员与危险、有害因素隔开和将不能共存的物质分开。例如,遥控作业、安全罩、防护屏、隔离操作室、安全距离、事故发生时的自救装置(如防护服、各类防毒面具)等。

⑤连锁

当操作者失误或设备运行一旦达到危险状态时,应通过连锁装置终止危险、危害发生。

⑥警告

在易发生故障和危险性较大的地方,配置醒目的安全色、安全标志。必要时,设置声、光或声光组合报警装置。

3)安全对策措施应具有针对性、可操作性和经济合理性

①针对性是指针对不同行业的特点和评价中提出的主要危险、有害因素及其后果,提出对策措施。

由于危险、有害因素及其后果具有隐蔽性、随机性和交叉影响性,因此,对策措施不仅要

针对某项危险、有害因素孤立地采取措施，而且应以系统、全面地达到国家安全指标为目的，采取优化组合的综合措施。

②提出的对策措施是设计单位、建设单位、生产经营单位进行安全设计、生产、管理的重要依据，因而对策措施应在经济、技术、时间上是可行的，能够落实和实施的。此外，要尽可能具体指明对策措施所依据的法规、标准，说明应采取的具体的对策措施，以便于应用和操作。不宜笼统地将“按某某标准有关规定执行”作为对策措施提出。

③经济合理性是指不应超越国家及建设项目生产经营单位的经济、技术水平，按过高的安全指标提出安全对策措施，即在采用先进技术的基础上，考虑到进一步发展的需要，以安全法规、标准和指标为依据，结合评价对象的经济、技术状况，使安全技术装备水平与工艺装备水平相适应，求得经济、技术、安全的合理统一。

4）对策措施应符合有关的国家标准和行业安全设计规定的要求

在评价中，应严格按有关设计规定的要求提出安全对策措施。

5.4.2 安全对策措施概要

安全对策措施概要的内容包括：

①厂址及厂区平面布置的对策措施。

②防火、防爆对策措施。

③电气安全对策措施。

④机械伤害对策措施。

⑤其他安全对策措施（包括高处坠落、物体打击、安全色、安全标志等方面）。

⑥有害因素控制对策措施（包括尘、毒、窒息、噪声及振动等有害因素的控制对策措施）。

⑦安全管理方面的对策措施。

5.4.3 安全技术对策措施

安全技术对策措施的原则是：优先应用无危险或危险性较小的工艺和物料，广泛采用综合机械化、自动化生产装置（生产线）和自动化监测、报警、排除故障及安全联锁保护等装置，实现自动化控制、遥控或隔离操作。尽可能防止操作人员在生产过程中直接接触可能产生危险因素的设备、设施和物料，使系统在人员误操作或生产装置（系统）发生故障的情况下也不会造成事故的综合措施是应优先采取的对策措施。

5.4.4 安全评价结论

（1）评价结果与评价结论的关系

安全评价结论应体现系统安全的概念，要阐述整个被评价系统的安全能否得到保障，系统客观存在的固有危险、有害因素在采取安全对策措施后能否得到控制及其受控的程度如何。

取得评价结论的一般工作步骤如下：

①收集与评价相关的技术与管理资料。

②按评价方法从现场获得与各评价单元相关的基础数据。

③数据处理得到单元评价结果。

④根据单元评价结果整合成单元评价小结。

⑤各单元评价小结整合成评价结论。

(2)评价结论中逻辑思维方法的应用

安全评价报告是基于对评价对象的危险、有害因素的分析,运用评价方法进行评价、推理、判断;评价方法的选择、单元的确定,需要有充足的理由和依据;根据因果联系提出对策措施,将评价结果再综合起来作出评价结果;而安全评价报告要遵守内容、结论的同一性、不矛盾性,不能模棱两可;结论的提出要进行充分的论证。

在编写评价结论时,应考虑逻辑思维方法中"逻辑规律"的运用。其主要有同一律、不矛盾律、排中律及充足理由律等。

(3)评价结论的编制原则

由于系统进行安全评价时,通过分析和评估将单元各评价要素的评价结果汇总成各单元安全评价的小结。因此,整个项目的评价结论应是各评价单元评价小结的高度概括,而不是将各评价单元的评价小结简单地罗列起来作为评价的结论。

评价结论的编制应着眼于整个被评价系统的安全状况。评价结论应遵循客观公正、观点明确的原则,做到概括性、条理性强且文字表达精练。

1)客观公正性

评价报告应客观、公正地针对评价项目的实际情况,实事求是地给出评价结论。应注意既不夸大危险,也不缩小危险。

①对危险、危害性分类、分级的确定,如火灾危险性分类、防雷分类、重大危险源辨识、火灾危险环境电力装置危险区域的划分、毒性分级等,应恰如其分,实事求是。

②对定量评价的计算结果,应进行认真分析,确认是否与实际情况相符。如果发现计算结果与实际情况出入较大,就应认真分析所建立的数学模型或采用的定量计算模式是否合理,数据是否合格,计算是否有误。

2)观点明确

在评价结论中观点要明确,不能含糊其词、模棱两可、自相矛盾。

3)清晰准确

评价结论应是评价报告进行充分论证的高度概括,层次要清楚,语言要精练,结论要准确,要符合客观实际,要有充足的理由。

(4)评价结论的主要内容

1)评价结论分析

评价结论应较全面地考虑评价项目各方面的安全状况,要从"人、机、料、法、环"整理出评价结论的主线,并进行分析。交代建设项目在安全卫生技术措施、安全设施上是否能满足系统安全的要求,安全验收评价还需考虑安全设施和技术措施的运行效果及可靠性。

①人力资源和管理制度方面

A. 人力资源

安全管理人员和生产人员是否经安全培训，是否满足安全生产需要，以及是否持证上岗等。

B. 安全管理

是否建立安全管理体系，是否建立支持文件（管理制度）和程序文件（作业规程），设备装置运行是否建立台账，安全检查是否有记录，以及是否建立事故应急救援预案等。

②设备装置和附件设施方面

A. 设备装置

生产系统、设备和装置的本质安全程度，控制系统是否达到了故障安全型，即一旦超越设计或操作控制的参数限度时，是否具备能使系统或设备回复到安全状态的能力及其可靠性。

B. 附件设施

安全附件和安全设施配置是否合理，是否能起到安全保障作用，其有效性是否得到证实。一旦超越正常的工艺条件或发生误操作时，安全设施是否能保证系统安全。

③物质物料和材质材料方面

A. 物质物料

危险化学品的安全技术说明书（MSDS）是否建立，生产、储存是否构成重大危险源，在燃爆和急性中毒上是否得到有效控制。

B. 材质材料

设备、装置及危险化学品的包装物的材质是否符合要求，材料是否采取防腐蚀措施（如牺牲阳极法）、测定数据是否完整（测厚、探伤等）。

④方法工艺和作业操作

A. 方法工艺

生产过程工艺的本质安全程度、生产工艺条件正常和工艺条件发生变化时的适应能力。

B. 作业操作

生产作业及操作控制是否按安全操作规程进行。

⑤生产环境和安全条件

A. 生产环境

生产作业环境能否符合防火、防爆、防急性中毒的安全要求。

B. 安全条件

自然条件对评价对象的影响，周围环境对评价对象的影响，评价对象总图布置是否合理，物流路线是否安全和便捷，作业人员安全生产条件是否符合相关要求。

2）评价结果归类及重要性判断

由于系统内各单元评价结果之间存在关联，并且各评价结果在重要性上不平衡，对安全评价结论的贡献有大有小。因此，在编写评价结论前，最好对评价结果进行整理和分类，并按严酷度和发生频率分别将结果排序列出。

例如，将影响特别重大的危险（群死群伤）或故障（或事故）频发的结果；将影响重大危险（个别伤亡）或故障（或事故）发生的结果；将影响一般危险（偶有伤亡）或故障（或事故）偶然发生的结果等进行排序列出。

3)评价结论的主要内容

安全评价结论的内容因评价种类(安全预评价、安全验收评价、安全现状综合评价和专项评价)的不同而各有差异。通常情况下,安全评价结论的主要内容应包括:

①评价结论分析

a.评价结果概述、归类、危险程度排序。

b.对评价结果可接受的项目还应进一步提出要重点防范的危险、危害性。

c.对评价结果不可接受的项目,要指出存在的问题,列出不可接受的充足理由。

d.对受条件限制而遗留的问题提出改进方向和措施建议。

②评价结论

a.评价对象是否符合国家安全生产法规、标准要求。

b.评价对象在采取所要求的安全对策措施后达到的安全程度。

③持续改进方向

a.提出保持现已达到安全水平的要求(加强安全检查、保持日常维护等)。

b.进一步提高安全水平的建议(冗余配置安全设施、采用先进工艺、方法、设备)。

c.其他建设性的建议和希望。

【任务实施】

(1)**任务准备**

课件,多媒体教学设备,教学案例。

(2)**任务应用**

应用5.6　对学生进行分组,在对图5.3、图5.4的危险有害因素分析基础上,制订相应的对策措施。最后教师进行总结。

应用5.7　要求教师提供若干个安全评价样本报告,删去其中评价结论,让学生在阅读前面内容的基础上,完成评价结论的内容。最后教师进行点评。

教学情境 6

危险控制与安全决策

【情境描述】

仅对危险进行辨识和评价，而不进行控制，系统的安全状态没有得到改善是没有意义的。通过系统危险辨识和评价，找到系统中的危险所在和危险等级后，还必须提出系统危险的控制技术措施并加以实施，才能使系统的安全状况得到改善。应用系统危险控制技术可预防事故的发生，确保安全生产。因此，系统危险控制技术是安全系统工程的最终目的。

任务 6.1　危险控制的基本原则

【任务目标】

1. 掌握系统危险控制的目的、系统危险控制的技术分类。

2. 了解系统危险控制的基本原则。

【任务描述】

系统危险有不同的类型，要掌握系统危险控制的技术理论，首先要掌握系统危险控制的目的和基本的原则，这是学好系统控制技术理论的基础。

【知识准备】

6.1.1　系统危险控制的目的及技术

(1) 危险控制目的

笼统地讲，安全系统工程的最终目的是控制事故危险。其目的是在现有的技术水平上，以最少的消耗，达到最优的安全水平。具体来说，主要有以下两个方面：

1) 降低事故发生频率

即降低千人负伤率和死亡率以及以产品产量(或利税)计算的死亡(或重伤)率，这是一个可量化的指标。

2)减少事故的严重程度和每次事故的经济损失

安全系统工程是以优化作为重要出发点的。上述两方面的目标,每个企业都有一个合理的目标值。一般来说,并不是以“事故为零”作为目标值的,这也是基于现实的考虑。

(2)危险控制技术

危险控制技术可分为宏观控制技术和微观控制技术。

1)宏观控制技术

宏观控制技术是以整个系统作为控制对象,运用系统工程的原理,对危险进行控制。法制手段(政策、法令、规章)、经济手段(奖、罚、征、补)和教育手段(长期的、短期的、学校的、社会的)是其主要的手段。

2)微观控制技术

微观控制技术是以具体危险源为对象,以系统工程的原理为指导,对危险进行控制。工程技术措施和管理措施是其主要的手段。本书主要是从微观控制技术层面提出系统危险控制的技术和方法论。只有遵循或符合共同的系统工程的方法论时,才能更好地发挥各种工程技术和管理措施在控制事故方面的作用。

6.1.2 危险控制的原则

进行系统危险控制,需要遵循以下4个主要原则:

(1)动态控制原则

系统是运动、变化的,而非静止不变的,只有正确、适时地进行控制,才能收到预期的效果。

(2)闭环控制原则

可认为系统存在输入、输出两极,首先信息从输入端进入系统,然后通过信息输出反馈进行决策,并反过来再控制输入。这样一个完整的控制过程,称为闭环控制。很显然,只有闭环控制才能达到优化的目的,如图6.1所示。

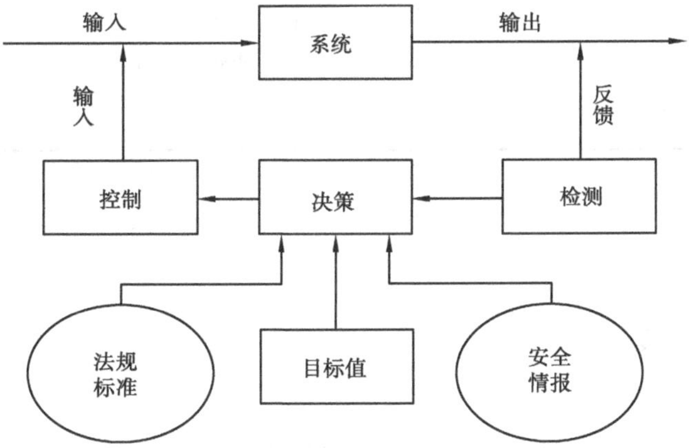

图6.1 闭环控制图

(3) **分级控制原则**

系统的组成又包括各子系统、分系统，其规模、范围互不相同，危险的性质、特点也不相同。因此，必须采用分级控制，即各子系统可以自己独立地调整和实现控制。

(4) **多层次控制原则**

对事故危险，必须采取多层次控制，以增加其可靠程度。安全系统工程学中，一般将层次分为6级，依次是根本的预防性控制、补充性控制、防止事故扩大的预防性控制、维护性能的控制、经常性控制及紧急性控制。各层次控制采取的具体内容随事故危险性质不同而有所不同。是否采取6个层次，则视事故的危险程度和严重性而定。这些就需要通过“安全决策”来决定。下面以爆炸危险的控制为例，对6个层次予以说明，见表6.1。

表6.1　控制爆炸危险的方案

序号	1	2	3	4	5	6
目的	预防性	补充性	防止事故扩大	维护性能	经常性	紧急性
分类	根本性	耐负性	缓冲、吸收	强度与性能	防误操作	紧急撤退 个人防护
内容提要	不使产生爆炸事故	保持防爆强度、性能，抑制爆炸	使用安全防护装置	对性能作预测监视及测定	维持正常运转	撤离人员
具体内容	①物质性质： A 燃烧，B 有毒 ②反应危险 ③起火、爆炸条件 ④固有危险及人为危险 ⑤危险状态改变 ⑥消除危险源 ⑦抑制失控 ⑧数据监测及其他	①材料性能 ②缓冲材料 ③结构构造 ④整体强度 ⑤其他	①距离 ②隔离 ③安全阀 ④检测、报警与控制 ⑤使事故局部化	①性能降低与否 ②强度蜕化与否 ③耐压 ④安全装置的性能检查 ⑤材质蜕化与否 ⑥防腐蚀管理	①运行参数 ②工人技术教育 ③其他条件	①危险报警 ②紧急停车 ③个体防护用具

【任务实施】

(1) **任务准备**

课件，多媒体教学设备。

(2) **任务应用**

应用6.1　因本任务主要是要求学生掌握相关理论，故采取课堂讨论的方式，对学生进行分组。要求选定一组学生，对每种原则进行举例说明，其他组的学生针对其表达进行补充和完善。

任务6.2　固有危险控制

【任务目标】

1. 掌握固有危险源的分类。

2. 掌握固有危险源的控制方法。

【任务描述】

固有危险源是企业客观存在的现象，如何有效地控制固有危险，使其不至于发展成为事故，对企业安全生产具有十分重要的作用。本任务首先对固有危险源进行阐述，根据其性质不同将其分成5类，在此基础上，阐述6种固有危险源的控制方法。这一任务是本学习情境的重点之一。

【知识准备】

6.2.1　固有危险源

固有危险源是指生产中存在的可能导致事故和损失的不安全条件。它包括物质因素和部分环境因素。固有危险源按其性质的不同，可分为化学、电气、机械（含土木）、辐射及其他5大类。

(1)化学危险源

化学危险源是指在生产过程中，原材料、燃料、成品、半成品及辅助材料中所含的化学危险物质。其危险程度与这些物质的性质、数量、分布范围及存在方式有关。它包括：

①火灾爆炸危险源。是指那些构成事故危险的易燃、易爆物质，禁水性物质以及易氧化自燃的物质。

②工业毒害源。是指在工业生产中，能导致职业病、中毒窒息的有毒、有害物质，窒息性气体，刺激性气体，有害性粉尘，以及腐蚀性物质和剧毒物。

③大气污染源。是指造成大气污染的工业性烟气和粉尘。

④水质污染源。是指造成水质污染的工业废弃物和药剂。

(2)电气危险源

电气危险源是指那些引起人员触电、电气火灾、电击和雷击的不安全因素。它包括：

①漏、触电危险。是指电气设备和线路损坏、绝缘损坏以及缺少必需的安全防护等。

②着火危险。包括电弧、电火花和静电放电等危险。

③电击、雷击危险。

(3)机械(含土木)危险源

①重物伤害的危险。包括矿山顶板冒落的危险和建筑塌落的危险。

②速度和加速度造成伤害的危险。包括设备的往复式运动、物体的位移、运输车辆和起重提升设备的运行造成的伤害危险。

③冲击、振动危险。包括各种冲压、剪切、轧制设备和设备中有撞击危险的部分。

④旋转和凸轮机构动作伤人的危险。

⑤切割和刺伤危险。

⑥高处坠落的危险，具有位能而缺乏有效防护的地点。

⑦倒塌、下沉的危险。

(4)辐射危险源

①放射源。指 α,β,γ 射线源。

②红外射线源。

③紫外射线源。

④无线电辐射源，包括射频源和微波源。

(5)其他危险源

①噪声源。长期在噪声环境中作业的人员，会引起重听、耳聋等职业病或神经性疾病。同时，在噪声环境中作业，往往事故频率较高。

②强光源。如电焊弧光、冶炼中高温熔融物的强光。

③高压气体。它具有爆炸和机械伤害的危险。

④高温源。它具有烫伤、烧伤及火灾危险。

⑤湿度。长期在潮湿场所作业的人员，会引起风湿等职业病害。

⑥生物危害。如毒蛇、猛兽伤害。这种伤害在林业和地质勘探中较常见，并与地理区域和地形有关。

以上分类是为了便于辨识，在实际中，往往发生多种危险的综合作用，而且可能相互转化。

6.2.2 固有危险源控制方法

对上述危险源的控制，总的来说，就是要尽可能地做到工艺安全化，即要求尽可能地变有害为无害、有毒为无毒、事故为安全，至少要求减少事故发生频率和减轻事故损失程度。还必须考虑经济因素，做到控制措施的优化。从微观上说，危险控制有以下 6 种具体方法：

(1)消除危险

根据危险源或危险因素，可从以下两个方面着手：

1)布置安全

厂房、工艺流程、设备、运输系统、动力系统及交通道路等的布置做到安全化。

2)机械安全

机械安全是指设备在制造时做到产品安全。它包括：结构安全，使设备自身能达到保护人、物、环境和生产的性能；位置安全，做到设备内部的零部件和组件的布置合理，使设备在生产运行中和检修中不致发生危险部件、伤害人员的事故；电能安全，采用安全电源或安全电压；物质安全，采用无毒、无腐蚀、无火灾爆炸危险的物质。

(2)控制危险

当事故危险不可能根除时,就要采取措施予以控制,以达到减少危险的目的。其方法如下:

1)直接控制

可采用的措施包括:熔断器,即用不同规格的熔丝来限制过电流,保护电器设备的安全;限速器,用它控制车床转速和车辆行驶的速度;安全阀,用以防止高压气体和蒸汽过压;爆破膜,当其中的压力超过一定值时,则爆破膜破裂卸压,以便防止该设备破坏,减少周围物品的损坏;轻质顶棚,采用石棉瓦等轻质材料作易燃易爆仓库或车间顶棚,可减小事故的破坏程度。

2)间接控制

间接控制包括检测各类导致事故危险的工业参数,以便根据检测结果予以处理。例如,对温度、压力、含氧量及毒气含量的检测。

以上列举的方法都不能消除危险,只能达到减少危害、控制危险的目的。其方法简单易行、经济有效。因此,这些方法得到了相当广泛的应用。

(3)防护危险

防护危险可分为设备防护和人体防护两类。

1)设备防护

设备防护又称机械防护,包括:

①固定防护。如将放射性物质放在铅罐中,并设置贮井,把铅罐放在地下。

②自动防护。如自动断电、自动洒水、自动停气等,以及故障停止、故障激活等。

③联锁防护,如将高电压设备的门与电气开关联锁,只要开门,设备就断电,这样就可保证人员免受伤害,如风电闭锁、瓦斯电闭锁。

④快速制动防护。又称跳动防护,当发生事故时,这种装置能紧急制动,起到防止发生和扩大事故的作用。

⑤遥控防护。即对危险性较大的设备和装置实行远距离控制。

2)人体防护

人体防护即保护人员的生命和健康。它包括:

①安全带。可防止高空坠落危险。

②安全鞋。有绝缘鞋、防砸鞋。

③护目镜。有电焊眼镜、防红外眼镜、防金属屑护镜、防毒眼镜。

④安全帽和头盔。呼吸护具,有防尘口罩、呼吸器、自救器及面罩等。

这些都是局部的防护措施,具有投资省的优点,它们对保护设备和人身安全有重要的作用。

(4)隔离防护

对危险性较大,而又无法消除或控制的场合,可采用长期或暂时隔离的防护方法。其中包括:

1)禁止入内

采用设置警卫、悬挂标牌、装设栏杆、刺丝网或挖沟等方式实施。

2)固定隔离

设置防火墙、防油堤、防爆堤、防水堤等。有些需要认真进行结构和强度计算。

3)安全距离

合理运用安全距离,可防止火灾爆炸危险、爆炸冲击波的危害。

实践中,常常将上述3种方式配合使用。

(5)**保留危险**

保留危险仅在预计到可能会发生危险而又没有很好的防护方法场合下采用。这时,必须做到使其损失最小。因此,要进行一系列的计算、分析和比较,尽可能地估计各种意外因素,再做出决定。

(6)**转移危险**

对难于消除和控制的危害,在进行各种比较、分析之后,选取转移危险的方法。例如,1998年长江上游的荆江分洪工程就是一个运用得极好的范例。这一年,因长江水位上升,给荆江大堤、武汉市造成很大的威胁,特别是洪峰连续不断地出现,使大堤面临着溃决的危险。一旦大堤溃决,淹没江汉平原,将给湖北省带来很大的损失。在这种情况下,采用了分洪措施,牺牲了小的局部的利益,保证了全局的安全。

综上所述,对任何事故隐患,都可采取消除、控制、防护、隔离、保留及转移等一种或数种方法予以控制,以达到安全生产的目的。

【任务实施】

(1)**任务准备**

课件,多媒体教学设备。

(2)**任务应用**

应用6.2　本任务从固有危险源的性质出发,对固有危险源进行了分类,并一共分为了5类。可以"固有危险源还可根据什么进行分类,并可分为几类"为题让同学展开讨论。同学采取分组的形式展开讨论,最后每组选一名代表对本组讨论的结果进行陈述。

任务6.3　人为失误控制

【任务目标】

1.了解人为失误的表现形式及原因。

2.掌握人员安全的具体要求及防止误操作的方法。

【任务描述】

人为失误是造成事故的一个重要原因。如何有效地防止出现人为失误,对企业安全生产具有十分重要的作用。统计表明,人的不安全行为包括指挥失误、操作失误和违规违制等。

在事故原因分析中,不同的企业所占的比重为 50% ~90%。因此,必须重视对人为失误的控制。

【知识准备】

6.3.1　人为失误的表现形式

①操作失误,不正确的操作,作业速度过快、重物过重,操作姿势不正确使安全装置失效等。

②指挥失误、不正确的管理,错误的信号、错误的安排。

③习惯性动作、不正确的判断或缺乏判断,如用手从供料口把物料送进去,使身体的某些部位接近危险点。

④粗心大意,漫不经心。

⑤厌烦和懒散、消极怠惰。

⑥胡闹、嬉笑打闹。

⑦酗酒或吸毒。

⑧疲劳、紧张。

⑨疾病、生理缺陷。

⑩错误地使用保护用品和防护装置,以及人机配合失误。

6.3.2　造成人为失误的原因

①人的生理原因。如视力缺陷、听力缺陷、高血压、心脏病及神经性疾病。

②人的素质原因。无知,缺乏科学文化知识,缺乏工作责任心和政治责任感,缺乏纪律观念。

③机械设备的原因。

④工作环境的原因。光线、气候、环境清理和整理。工作场所地面和空间状况。

⑤管理的原因。劳动组织缺陷、安排工作的缺陷、规定工种的失误及规章制度的缺陷。

⑥教育的原因。科学文化知识、业务操作知识和安全知识的缺乏,安全教育不够,未经教育就上岗。

因此,要控制人为失误,必须把好用人关,做到人的安全化。加强管理,做到设备、保护用品安全装置化,并且改变动作,做到操作安全化。

6.3.3　人的安全化

要实现人的安全化,就要做好以下 6 点:

①录用人员时,要认真检查身体,有生理缺陷和有疾病的要控制使用,并要定期复查,动态控制。还要求具备一定的文化技术条件。对这点,过去从生产角度考虑少,要改变这种状态。

②新工人上岗前或者变更工种时,要进行应知、应会和安全操作知识的训练和教育。

③对事故突出、危险性大的特殊工种(如爆破工、锅炉工等),要进行特殊的教育。

④进行文化学习和专业训练,提高人员的文化技术水平。

⑤在所有的作业培训中，增加安全内容。

⑥要增强工作责任心、法制观念和职业道德观念。

需要说明的是，对每一具体情况，都应有其具体内容。

6.3.4 管理安全化

管理安全化就是要为消除人为失误创造条件。具体来说，就是：

①认真改善设备的安全性，消除机械的外形危险、机能危险、构造危险、操作危险及维护保养危险。

②改善工艺设计的安全性，消除平面布置、厂房建设、工艺选择、原材料、燃料动力及运输等方面的危险性。

③制订操作的标准和规程，并进行教育。

④制订维护保养的标准和规程，并进行教育。

⑤定期进行工业厂房内的环境测定和卫生评价。

⑥定期组织有成效的安全检查。

⑦进行班组长和安全骨干的培养。

6.3.5 操作安全化

(1)作业分析

为了使操作安全化，首先要进行作业分析，把全面操作分为基本作业。按照基本作业的情况，从质量、安全和效益3个方面找出问题所在，重点是确保安全。

制订改善操作作业的计划，首先列出操作的作业内容(见表6.2)，分析每个作业存在什么问题，对问题所在进行打钩。最后将打钩较多之处列为重点分析的基本作业，首先对其进行分析。以此类推，排出顺序，依次进行改善。

表6.2 改善动作计划表

日期：　　年　月　日 作业名称： 基本作业名称：	疲劳程度大	设备易受损害	经常调整	作业者烦倦	操作水平低劣	易发生故障	零件不合格	工具不适用	动作改善顺序
A. 底座操作		√	√	√			√		2
B. 推力轴承操作					√	√		√	3
C. 线圈操作	√	√	√	√			√		1
D. 外罩操作					√	√			4

(2)动作分析

将上述基本作业分解为基本动作，可用符号进行观察记录、分析，以便改善。

(3)进行动作改善

把经过观察、分解、用符号记录下来的动作逐一进行分析,并进行改善。改善动作要遵循以下4条原则:

1)数量原则

舍去不必要的动作,使动作减少,把两个以上的动作组合为一个动作,调换动作的排列顺序,舍去多余的动作,避免同时使用双手和双脚,尤其要避免以双臂同时向相反方向运动。在协同作业中,若一个人东张西望,就会使对方几个人闲着没事干。充分做好工作准备,工具和用料适当,可减少动作数量。

2)长度原则

缩短动作距离,采用短距离的动作。

3)方向原则

动作的方向改变要平缓。

4)疲劳原则

应采用疲劳最小的动作,即采用适当的动作速度,使动作形成习惯,得心应手。在合适的作业面上进行作业;采用疲劳少的动作,尽量不要转动眼球,避免有害视力的光线,利用重力改进工具、装备的形状和质量,在搬运移动中尽量选择减少阻力的方法,消除不自然的姿势,消除会使身体上下移动的动作,将立姿作业改为坐姿作业,动作激烈的作业要轮换作业人员等。

以上4个原则中,疲劳原则对安全影响最大,也是保证安全的着眼点。

要避免疲劳,保证安全,应注意以下6点:

①操作人员的作业速度过快或过慢都容易疲劳,因任务过紧,急于完成而引起伤害的实例很多。

②保持适当的作业范围。以肘关节为中心的运动范围为正常作业范围,以肩为中心的运动范围为最大作业范围。

③避免有害视力的光线。光线过暗或直射,眼睛都容易疲劳,应保持适当的光照度。

④利用槽或料斗等搬运物料,以减少作业的疲劳程度。

⑤工具和用品避免做成尖形或锋利边缘。

⑥避免不自然的姿势,如眼睛斜视作业、持续弯腰作业、昂着头作业等。

6.3.6　防止误操作的方法

防止误操作,就应采用不致发生差错的方法,即能够自然而正确作业的方法,简单而又很少疲劳的方法。

(1)利用形状

如插头形状或电子管脚、晶体管脚等。

(2)利用颜色

如在有棱角的材料及对人体有伤害危险的部件上涂上警戒色、黄黑相间的斜线或红色。

(3)**利用光线**

包括指示灯、信号灯、警告灯,以便停止机器运转或中断作业,利用光线自动保持正常。

(4)**利用声音**

利用声音报警,如列车道口的车辆警报、火灾警报、毒气泄漏警报以及漏电警报等。

(5)**利用温度**

利用热量可实现自动化,可报警或防止危险。

(6)**利用压力**

利用气压、水压、油压维持正常作业。

(7)**利用机械装置**

采用自动化装置、连锁装置及安全装置,保持正常作业。

【任务实施】

(1)**任务准备**

课件,多媒体教学设备。

(2)**任务应用**

应用6.3　本任务对人为失误控制做了介绍,根据学生所学的专业,设定一个工作场景,如对采矿工程专业的学生,可设定"掘进巷道时的施工过程,如何避免人为失误造成危险发生"这样一个题目让学生展开讨论,并请同学对自己的看法进行阐述。

任务6.4　安全决策

【任务目标】

1. 了解什么是安全决策。

2. 掌握决策的类型,掌握安全决策的方法应用。

【任务描述】

好的决策就会获得好的结果;反之,则会造成较大的损失。决策者总是希望能花费最小的代价而获取最大的效益。而到底什么是决策?如何决策?决策的方法和过程又是什么样的?本任务将对上述这些疑问进行讲解。学好本任务是掌握危险控制技术的关键。

【知识准备】

6.4.1　安全决策的定义及分类

(1)**安全决策的定义**

什么是决策?决策就是决定的策略和方法。对决策普遍的看法有两种:一种是诺贝尔奖获得者、美国经济学家西蒙所说的“管理就是决策”；另一种是“决策就是做决定”。这两种看来截然不同的定义，却从不同角度深刻地揭示了决策的基本内容。既然决策就是做决定，那么，从许多达到同一目标的可行方案中选定最优方案时，就要求人们的选择和判断应尽可能地符合客观实际。要做到这一点，决策者应尽可能真实地了解问题背景、环境和发展变化规律，尽可能详细地占有信息和资料，尽可能正确地掌握决策方法。

再从另一个方面来理解决策。决策其实就是人们进行选择或判断的一种思维活动。决策在人们的生活、工作中随时都会遇到。好的决策就会获得好的结果；反之，则会造成较大的损失。决策者总是希望能花费最小的代价而获取最大的效益。有些决策是简单和容易的。例如，出门未听天气预报要不要带雨具；到服装店买衣服，会遇到衣服的式样、衣料、颜色、价钱、耐用及舒适等一系列问题，需要从中做出决策。有些决策是复杂的、困难的。例如，能源资源开发、经济发展战略和计划以及战争与和平等。

安全决策就是针对生产活动中需要解决的特定安全问题，根据安全标准规范和要求，运用现代科学技术知识和安全科学的理论与方法，提出各种安全措施方案，经过分析、论证与评价，从中选择最优方案并予以实施的过程。

(2)**安全决策的分类**

决策的分类方法有很多，一般决策问题根据决策系统的约束性与随机性原理(即其自然状态的确定与否)对其进行分类。据此，可将决策分为两类，即确定型决策和非确定型决策。

1)确定型决策

确定型决策是在一种已知的完全确定的自然状态下，选择满足目标要求的最优方案。

确定型决策问题一般应具备以下4个条件：

①有一个决策者希望达到的明确目标(收益大或损失小)。

②只存在一个确定的自然状态。

③有两个或两个以上的供决策者选择的方案。

④不同的决策方案在确定的自然状态下损益值(损失或收益)可计算出来。下面以例题形式对其进行解释。

【例6.1】　有3种同一功能的机床 $a_i(i=1,2,3)$，其加工精度用允许误差 $S_j(j=1,2)$ 表示，其产值用 V 表示(单位：元/分)。用哪种机床为好？(已知损益矩阵见表6.3)

表6.3　损益表

a	$V/(元·分^{-1})$	
	$S \leqslant 0.001$ mm	$S > 0.001$ mm
a_1	50	100
a_2	30	80
a_3	20	250

解　这就是一个确定型决策问题。对这类简单的确定型决策问题，可通过方案评比、直接判断来选择最优方案。如果要求加工零件的允许误差必须小于0.001 mm，则选用机床 a_1

工作为最优方案，因为在允许误差 $S_1 \leqslant 0.001$ 时，方案 a_1 产值最大。

2）非确定型决策

当决策问题有两种以上自然状态时，哪种可能发生是不确定的，在此情况下的决策称为非确定型决策。非确定型决策又可分为两类：当决策问题自然状态的概率能确定，即是在概率基础上做决策。但要冒一定的风险，这种决策称为风险性决策。如果自然状态的概率不能确定，即没有任何有关每一自然状态可能发生的信息，在此情况下的决策则称为完全不确定型决策。

风险型决策问题通常要具备以下 5 个条件：

①与确定型决策一样，有一个决策者希望达到的一个明确目标。

②存在决策者无法控制的两种或两种以上的自然状态。

③有两个或两个以上的供决策者选择的方案。

④不同的决策方案在不同自然状态下确定的损益值可计算出来。

⑤未来将出现哪种自然状态不能确定，但其出现的概率可以估算出来。

如果缺少上述条件⑤，即存在着两种或两种以上的自然状态，但其出现的概率却无法估计出来，则此情况下的决策就是完全不确定型决策。下面就风险型决策问题与完全不确定型决策问题以例题的形式进行解释。

【例 6.2】 某工厂考虑生产甲乙两种产品，不同季节产品销售量不同，依据过去市场需求统计，在旺季、平季、淡季销售产品的比值各为 1/4，1/2，1/4。如果生产甲产品在 3 个季节中分别获利为 4 万元、3 万元、2 万元；生产乙产品在 3 个季节中分别获利为 7 万元、2 万元、0 元，工厂应安排生产哪种产品？

解 该问题属典型的风险型决策问题。解决这类问题可考虑应用损益矩阵法。首先做损益矩阵，见表 6.4。然后计算两种方案的收益期望值。

表 6.4 损益矩阵

备选方案	自然状态		
	旺季 S_1	平季 S_2	淡季 S_3
	$P(S_1)=1/4$	$P(S_2)=1/2$	$P(S_3)=1/4$
甲	4	3	2
乙	7	2	0

甲产品

$$E_{甲} = 1/4 \times 4\text{ 万元} + 1/2 \times 3\text{ 万元} + 1/4 \times 2\text{ 万元} = 3\text{ 万元}$$

乙产品

$$E_{乙} = 1/4 \times 7\text{ 万元} + 1/2 \times 2\text{ 万元} + 1/4 \times 0\text{ 万元} = 2.75\text{ 万元}$$

因 $E_{甲} > E_{乙}$，则投产甲产品为最优方案。

【例 6.3】 假定某工厂准备生产一种市场上从未有过的新产品，因缺乏资料，故工厂对这种新产品的市场需求量只能大致估计为以下 4 种情况：较高、一般、较低、很低。但是，无法预估出每种情况出现的概率。为生产这种新产品，工厂设想了 4 个备选方案：Ⅰ——改建原有生产线；Ⅱ——新建一条生产线；Ⅲ——把部分零件承包给外厂；Ⅳ—部分零件从市场上购入。请比较这几个方案。

解　工厂计划生产该产品5年，根据计算，各个方案在5年内的损益值见表6.5。

表6.5　损益表

备选方案	市场需求情况			
	较　高	一　般	较　低	很　低
Ⅰ	600	400	-150	-350
Ⅱ	800	350	-300	-700
Ⅲ	350	220	50	-100
Ⅳ	400	250	90	-50

在该决策问题中，因是新产品投产，对市场需求情况无统计资料可以借鉴，故对4种自然状态出现的概率也无法确定，属于完全不确定型决策。

需要说明的是，上面就非确定型决策问题已经给出了解决方法，关于这类问题的解决方法，在下面的内容中还会深入讲述。

(3)安全决策过程

1)确定目标

决策过程首先需要明确目标，也就是要明确需要解决的问题。对安全而言，从大安全观出发，安全决策所涉及的主要问题就是保证人们的生产安全、生活安全和生存安全。但是，这样的目标所涉及的范围和内容太大了，以致无法操作，应进一步界定、分解和量化。

例如，生产安全是一个总目标，它可分解为预防事故发生、消除职业病和改善劳动条件。同时，对已分解的目标，还应根据行业不同、现实条件不同(如经济保证、技术水平)、边界约束条件不同区分目标的实现层次和内涵。

又如，生活安全可分解为个人生活安全、家庭生活安全和社会生活安全，也可分解为生命安全、财产安全和生活舒适与健康；生存安全可分解为自然灾害、人为灾害，也可分解为生态环境安全、灾害、交通安全以及突发事件(战争、冲突等)。另外，对决策目标，应有明确的指标要求；对技术问题，应有风险率、严重度，一定可靠度下的安全系数，以及事故率、时间域和空间域等具体量化指标；对难于量化的定性目标，则应尽可能加以具体说明。

2)确定决策方案

在目标确定之后，决策人员应依据科学的决策理论，对要求达到的目标进行调查研究，以及详细的技术设计、预测分析，拟订出几个可供选择的方案。

首先应根据总目标和指标的要求将那些达不到目标基本要求的方案舍弃掉；然后再用加权法或其他数学方法对各个方案进行排序。排在第一位的方案也称备选决策提案。备选决策提案不一定是最后的决策方案，还需要经过技术评价和潜在问题分析，做进一步的慎重研究。

3)潜在问题或后果分析

对备选决策方案,决策者要向自己提出“假如采用这个方案,将要产生什么样的结果?可能导致哪些不良后果和错误?”等问题。对这些可能产生的后果进行比较,以决定方案的取舍。

对安全问题,考虑其决策方案后果,应特别注意以下一些潜在问题:

①人身安全方面

应特别注意有无生命危险,有无造成工伤的危险,有无职业病和后遗症的危险。

②人的精神和思想方面

是否会造成人的道德、思想观念的变化,是否会造成人的兴趣爱好和娱乐方式的变化,是否会造成人的情绪和感情方面的变化,以及是否会加重人的疲劳,带来精神紧张,影响个人导致不安全感或束缚感的产生等。

③人的行为方面

能否造成人的生活规律、生活方式变化,以及生活时间的变化等。

4)实施与反馈

决策方案在实施过程中应注意制订实施规则,落实实施机构、人员职责,并及时检查与反馈实施情况,使决策方案在实施过程中趋于完善,并达到预期效果。

(4)安全决策方法

安全决策学是一门交叉学科。它既含有从运筹学、概率论、控制论及模糊数学等引入的数学方法,也有从安全心理学、行为科学、计算机科学、信息科学引入的各种社会和技术科学。

根据决策环境,考虑属性量化程度,可将多属性决策问题区分为确定性和非确定性两类。相应的决策方法就有确定性多属性决策方法、定性与定量相结合的决策方法和模糊多属性决策方法。目前,采用的决策方法有评分法、决策树法和经济技术评价法等。本节重点介绍前两种决策方法,即评分法和决策树法。

1)评分法

评分法就是根据预先规定的评分标准,对各方案所能达到的指标进行定量计算比较,从而达到对各个方案排序的目的。

①评分标准

一般按五级制评分:优、良、中、差、最差。当然,也可按 7 个等级评分。这要视决策方案多少及其之间的差别大小,以及决策者要求而定。

②评分方法

多数是采用专家打分的方法,即专家根据评价目标对各个决策方案评分,然后取其平均值或除去最大、最小值后的平均值作为分值。

③评价指标体系

评价指标体系一般应包括 3 个方面的内容,即技术指标、经济指标和社会指标。对安全问题决策,若有几个不同的技术决策方案,则其评价指标体系大致有以下内容:技术先进性、可靠性、安全性、维修性、可操作性等;经济方面有成本、质量可靠性、原材料、周期、风险率等;社会方面有劳动条件、环境、精神习惯、道德伦理等。当然要注意指标因素不宜过多,否则不但难于突出主要因素，而且会造成评价结果不符合实际。

④加权系数

由于各评价指标的重要性程度不一样，因此，必须给每个评价指标一个加权系数。为了便于计算，一般取各个评价指标的加权系数 g_i 之和为1。加权系数值可由经验确定或用判断表法计算。

判断表见表6.6。将评价目标的重要性两两比较，同等重要各给2分；某一项重要者，则分别给3分和1分；某一项比另一项重要得多，则分别给4分和0分。将上述对比的给分填入表中。

表6.6　评价项目的重要性判断表

比较者	被比者				k_i	$g_i = \frac{k_i}{\sum_{i=1}^{n} k_i}$
	A	B	C	D		
A		1	0	1	2	0.083
B	3		1	2	6	0.250
C	4	3		3	10	0.417
D	3	2	1		6	0.25
重要程度排序 C > B,D > A					$\sum_{i=1}^{4} k_i = 24$	$\sum_{i=1}^{4} g_i = 1.0$

⑤计算总分

计算总分的方法也有很多，每一种方法都有其优缺点及适用范围，现将其总结列于表6.7。

表6.7　总分计算方法

序号	方法名称	公　式	适用范围
1	分值相加法	$Q_1 = \sum_{i=1}^{n} k_i$	计算简单直观
2	分值相乘法	$Q_2 = \prod_{i=1}^{n} k_i$	各方案总分相差大，便于比较
3	均值法	$Q_3 = \frac{1}{n}\sum_{i=1}^{n} k_i$	计算简单直观
4	相对值法	$Q_4 = \sum_{i=1}^{n} k_i / nQ_0$	能看出与理想方案的差距
5	有效值法	$N = \sum_{i=1}^{n} k_i g_i$	总分中考虑了各评价指标的重要程度

2）决策树法

决策树法是风险决策的基本方法之一。决策树分析方法又称概率分析决策方法。它与事故树分析一样是一种演绎性方法，即是一种有序的概率图解法。它的优点是：能显示出决策过程，形象具体，便于发现问题；能把风险决策的各个环节联系成一个统一的整体，有利于决策过程中的思考；易于比较各种方案的优劣；既可进行定性分析，也可进行定量分析。下面就其应用程序展开讲述。

①决策树形

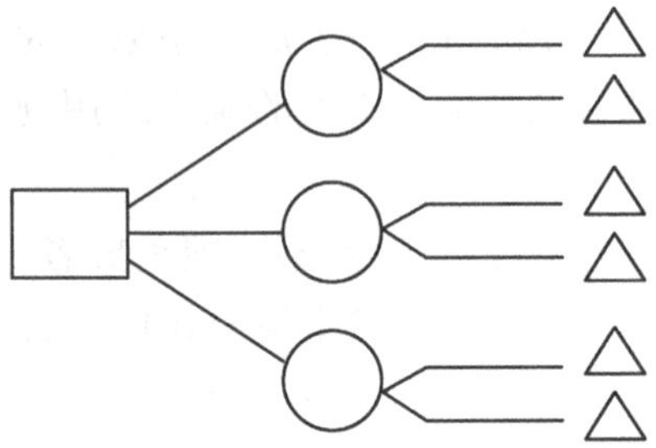

图 6.2 决策树形示意图

决策树的结构如图 6.2 所示。图中符号说明如下：

方块“□”：表示决策点，从它引出的分支称为方案分支，分支数即为提出的方案数。

圈“○”：表示方案结点（也称自然状态点）。从它引出的分支称为概率分支，每条分支上面应注明自然状态（客观条件）及其概率值，分支数即为可能出现的自然状态数。

三角“△”：表示结果节点（也称末梢），它旁边的数值是每一方案在相应状态下的收益值。

②决策步骤

首先，根据决策问题绘制决策树；其次，从左向右，逐一进行分析，计算概率分支的概率值和相应的结果节点的损益值；最后，计算各自然状态点的损益期望值，并分别标在各相应点上，通过比较各自然状态期望值的大小，确定最优方案。

【例 6.4】 为生产某新产品而设计了两个基本建设方案：一是建大厂，二是建小厂。建大厂需要投资 300 万元，建小厂需要投资 140 万元，两者的使用期限都是 10 年。估计在此期间，产品销路好的概率是 0.7，销路差的概率是 0.3。两个方案的年损益值见表 6.8。请比较这两个方案，判断哪个方案较好。

表 6.8 损益矩阵表

备选方案	自然状态	
	销路好 S_1	销路差 S_2
	$P(S_1)=0.7$	$P(S_2)=0.3$
建大厂	100	-20
建小厂	40	30

解 首先，根据损益矩阵画出决策树，如图 6.3 所示。

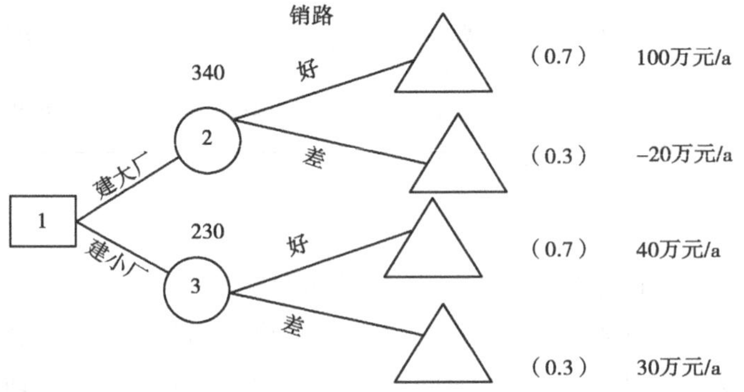

图 6.3 决策树图

其次，计算各方案的损益期望值 E。

点2

$$E_2 = [0.7 \times 100\text{万元} + 0.3 \times (-20\text{万元})] \times 10 - 300\text{万元} = 340\text{万元}$$

点3

$$E_3 = (0.7 \times 40\text{万元} + 0.3 \times 30\text{万元}) \times 10 - 140\text{万元} = 230\text{万元}$$

因 $E_2 > E_3$，故选建大厂为最优方案。

必须指出，所谓损益期望值，是指今后可能得到的数值，而并不代表必然能够实现的数值。因此，以损益期望值为标准而选定的最优方案，在个别情况下，还可能出现与期望值较大的偏差。也就是说，这种决策分析是带有一定的机遇性的，这正是风险型决策的特点。但从统计学的观点来看，以损益期望值作为评选方案的标准，还是较合理的。有些决策问题只需要一次决策，那么，在决策树上只有一个决策点，这称为单阶段决策问题。但有时需要对决策问题进行多次决策，这称为多阶段决策。它在决策树上就出现两个或两个以上的决策点。

【例6.5】 某厂内生产需要，考虑是否自行研制一个新的安全装置。首先，这个研制项目是否需要评审。如果评审，则需要评审费5 000元；不评审，则可省去评审费用。如果决定评审，评审通过概率为0.8，不通过的概率为0.2。每种研制形式都有失败可能，如果研制成功（无论哪一种形式），能有6万元收益；若采用“本厂独立完成形式”，则研制费为2.5万元，成功概率为0.7，失败概率为0.3；若采用“外厂协作”形式（包括先评审），则支付研制费用为4万元，成功概率为0.99，失败概率为0.01。针对上述问题，需要进行决策。

解 ①首先画出决策树，如图6.4所示。

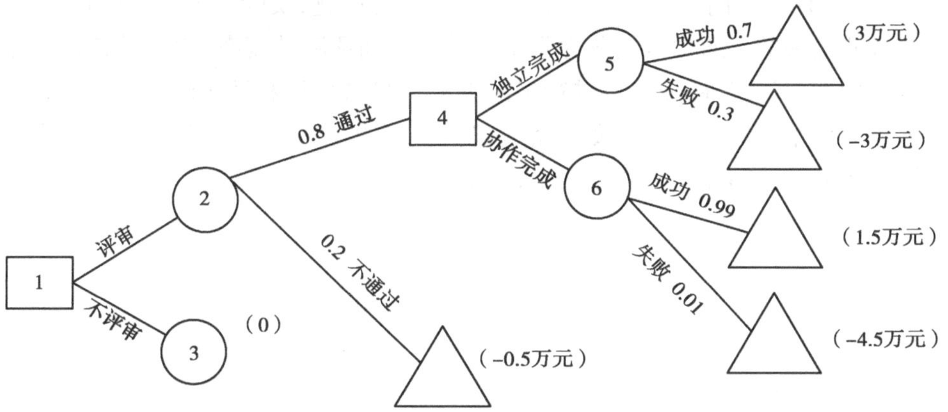

图6.4 决策树图

②根据上述数据计算各结点的收益（收益＝效益－费用）。

独立研制成功的收益

$$6\text{万元} - 0.5\text{万元} - 2.5\text{万元} = 3\text{万元}$$

独立研制失败的收益

$$0\text{万元} - 0.5\text{万元} - 2.5\text{万元} = -3\text{万元}$$

协作研制成功的收益

$$6\text{万元} - 0.5\text{万元} - 4\text{万元} = 1.5\text{万元}$$

协作研制失败的收益

$$0\ 万元 - 0.5\ 万元 - 4\ 万元 = -4.5\ 万元$$

按照期望值公式计算期望值,期望值公式为

$$E(V) = \sum_{i=1}^{n} P_i V_i$$

式中 V_i——事件 i 的条件值;

P_i——特定事件 i 发生的概率;

n——事件总数。

独立研制成功的期望值

$$E(V_6) = 0.7 \times 3\ 万元 + 0.3 \times (-3)\ 万元 = 1.2\ 万元$$

协作研制成功的期望值

$$E(V_7) = 0.99 \times 1.5\ 万元 + 0.01 \times (-4.5)\ 万元 = 1.44\ 万元$$

③根据期望值决策准则,若决策目标是收益最大,则采用期望值最大的行为方案;如果决策目标是使损失最小,则选定期望值最小的方案。本例选用期望值最大者,即选用协作完成形式。

【任务实施】

(1)**任务准备**

课件,多媒体教学设备。

(2)**任务应用**

应用6.4 本任务的例6.4提到的建厂方案的选择问题,实际上10年以内产品销路状况是难以准确预测出来的。通常可划分为几个阶段来分别预测其概率,因而其建厂方案也因其产品产量的不同而有许多种,故需要进行多次决策。假如在原来两方案(建大厂和建小厂)的基础上再考虑第三个方案:建小厂,如销路好3年后再扩建,扩建需投资200万元,可使用7年,每年盈利95万元。问在此3个方案中,哪个最优?

参考文献

[1] 王洪德. 安全系统工程[M]. 北京:国防工业出版社,2013.
[2] 谢振华. 安全系统工程[M]. 北京:中国劳动社会保障出版社,2016.
[3] 苗磊刚. 安全系统工程[M]. 北京:煤炭工业出版社,2017.
[4] 马福军,胡力勤. 安全防范系统工程施工[M]. 北京:机械工业出版社,2018.
[5] 邵辉. 系统安全工程[M]. 北京:石油工业出版社,2008.
[6] 易俊. 事故预防与分析[M]. 北京:中国劳动社会保障出版社,2016.
[7] 孙世梅,张智超. 安全评价[M]. 北京:中国建筑工业出版社,2016.
[8] 东方文慧. 安全员管理知识学习读本[M]. 北京:中国劳动社会保障出版社,2015.
[9] 张景林,林柏泉. 安全学原理[M]. 北京:中国劳动社会保障出版社,2009.
[10] 傅贵. 安全管理学——事故预防的行为控制方法[M]. 北京:科学出版社,2019.
[11] 栗继祖. 安全心理学[M]. 北京:中国劳动社会保障出版社,2007.
[12] 王锴. 生产安全事故预防处理法律指南[M]. 北京:中国法制出版社,2008.
[13] 姜伟,佟瑞鹏,傅贵. 安全科学与工程导论 [M]. 北京:中国劳动社会保障出版社,2016.
[14] 汪元辉. 安全工程管理丛书——安全系统工程[M]. 天津:天津大学出版社,2014.
[15] 田宏. 安全系统工程[M]. 北京:中国标准出版社,2014.